U0117953

品茗观心

吴远之 著

人民东方出版传媒
People's Oriental Publishing & Media

东方出版社
The Oriental Press

图书在版编目（CIP）数据

品茗观心 / 吴远之著 . —北京：东方出版社，2024.1
ISBN 978-7-5207-3302-1

Ⅰ.①品… Ⅱ.①吴… Ⅲ.①茶文化—中国 Ⅳ.① TS971.21

中国国家版本馆 CIP 数据核字（2023）第 019866 号

品茗观心
〔PINMING GUANXIN〕

作　　者：吴远之
责任编辑：杨　灿
出　　版：东方出版社
发　　行：人民东方出版传媒有限公司
地　　址：北京市东城区朝阳门内大街 166 号
邮　　编：100010
印　　刷：北京联兴盛业印刷股份有限公司
版　　次：2024 年 1 月第 1 版
印　　次：2024 年 1 月第 1 次印刷
开　　本：710 毫米 ×1000 毫米　1/16
印　　张：13
字　　数：128 千字
书　　号：ISBN 978-7-5207-3302-1
定　　价：68.00 元
发行电话：（010）85924663　85924644　85924641

大益正念茶修

TAETEA MINDFULNESS PROGRAM

目 录

CONTENTS

下　篇　实际操作与效果

前 言

　　中国是茶叶的故乡，在数千年的历史中，这片小小的叶子，化作一杯有益身心健康的饮料，并经受住了时间的考验。从种植茶树，生产茶叶，到饮茶蔚然成风，茶香最终飘遍世界，这是中国茶对世界文明的一次贡献。

　　到了唐代，茶圣陆羽改茶之"混饮"为"清饮"，开启了"以茶为美""以茶载道"的茶道文化之风，延续近千年，世界也以茶道文化为窥视中国文化的窗口，并借鉴、融合，产生了诸如"英式下午茶"以及"日本茶道"等异域茶文化，东西方借这杯回味无穷的茶汤而实现文化交融，可看作中国茶文化对世界文明的又一个贡献。

　　时至今日，人类在西方进步论背景下飞速发展，但生存环境却日趋恶劣，人类的身心健康不断被物欲崇拜所戕害，且这一现象有愈演愈烈之势。有鉴于东西方文化在用智方式上的互补，我们也许需要再次回到东方文化中去寻找思路与切实的解决方案，希冀为未来人类健康的维护，特别是心理与精神健康的维护提供帮助，开启第三次中国茶贡献于世界的文明之旅，这正是我们创立"大益正念茶修"的初衷。

　　茶文化是东方文化的独特一枝，凝聚着深沉的东方智慧。在中国茶文化的发展过程中，大益茶道体系独树一帜，既有一套科学而优美的茶叶冲泡方

法，又有一套观照内心，自省自悟的茶道研修方法。大益正念茶修（TaeTea Mindfulness Program，TTMP）是以大益茶道理论为基础、正念减压 (MBSR) 和正念认知（MBCT）疗法为指导、大益茶修练习为实操内容，旨在为茶品饮者乃至普通人提供的一套有效而便捷的修习方式。相比于其他心理保健方法，具有以下优点：

首先，大益正念茶修是融于日常生活的心理保健方式。喝茶是一种日常的生活方式，如果我们掌握了正念茶修，就可以在喝茶的同时进行心理健康的建设，避免消极情绪的积累，及时做好精神预防与保健工作。从这个意义上来说，大益正念茶修是给予茶人的一份额外的礼物：有日常饮茶习惯者，只需稍作练习即可获得更多的身心保健效果，何乐而不为？

其次，大益正念茶修继承了正念心理治疗的一般优点：正念是专注当下，对所觉察的一切事物保持包容、开放、好奇而非评价态度的一种练习方式，是一种综合身、心的修行方法。大量的现代科学研究证明，这种心理调整方法是安全、可靠且易行的。

再次，大益正念茶修集合了众多心理保健智慧的优点，它是在茶保健原理、大益茶道理论与实践方法、中华传统身心保健观、正念的核心原则与练习精要等基础上整合提炼而来的。

最后，大益正念茶修具有保护隐私的特点，更适合东方人。东方人大多含蓄内敛甚至不善表达，因此，正念地冲泡一杯茶、品一杯茗，在静静的过

程中实现心理问题的解决与健康的自保。研修者只需独自品茗，而不用将隐私透露给他人，不会给练习者带来不必要的精神负担。这实在是一种温和、安全而稳妥的理想方法。

2020 年，一场突如其来的新冠肺炎疫情，成为全人类共同面临的挑战。病毒在传播扩散，造成疾病与死亡的同时，还导致了全球性恐慌、焦虑、抑郁等消极情绪的产生与扩散。如果这些消极情绪得不到快速有效的消解，则必不利于国家与社会的和谐稳定。大益正念茶修课程的推出，无疑给大家提供了摆脱消极情绪的困扰，获得身心平衡与精神健康的方法与机会。它有翔实的文献梳理以及严谨的科学实验，这些充分证明：通过 8 周的大益正念茶修练习，对于诸如焦虑、抑郁、疲劳等身心问题有较好的缓解和预防作用。

本书分为上、下篇，共 5 章。上篇介绍大益正念茶修的相关知识与理论：第一章对大益正念茶修所要解决的问题，即人类健康，特别是心理与精神健康的现状进行系统的介绍；第二章对正念的基本概念、历史以及维护身心健康的效果与原因展开详细阐释，也对 4 项正念基础练习："葡萄干练习""呼吸静观练习""正念听音练习""身体扫描练习"做了细致的介绍；第三章系统地提出大益正念茶修的概念，并向读者细致介绍课程结构及具体内容，还对其研修效果做了思辨性讨论。下篇主要介绍大益正念茶修最具特色的练习：第四章将向读者介绍 6 项大益独创的、具有鲜明茶事活动特色的正念练习——"友善的茶""茶叶静观""正念自饮""正念对饮""茶的联结""茶山冥想"，并引导读者进行练习。第五章则向读者介绍为期 8 周的大益正念自饮练习对于有效缓解焦虑、抑郁情绪，提升睡眠质量以及影响大脑 DMN 工作模式的实证研究结果。

正念茶修是一种善巧方便的，为广大受众提供因地制宜、经济实用而且能够长期，甚至终身坚持的练习方式，是借助正念茶修来自悟、醒悟，进而意识到内心的光明。每个人的光明都是等值的，无所谓大小，在深沉的黑暗中，即便是一点微光，也能带来温暖和希望。大益茶道院为此成立了专门的

研究团队，开展正念茶修教学培训工作。毫无疑问，这个共创的事业需要所有爱茶的人共同参与、共同研习才能成就。

大益正念茶修是我们人生的一次回拨，即放下身外之物，回归到自己的内在。一位心理医生曾说过，我们每天能专注于当下的时间不足两小时。此外的时间，除了睡觉，大脑几乎都处在无意识的空转状态，这样算来，人生纵有百年，我们真正清醒的时间不过八年多而已。人生空转是最大的奢侈和遗憾，不如利用日常饮茶时间轻松自在地练习正念茶修，让心安驻于身，从而感受心灵的净化与升华，体悟生命的真谛。

生命短暂，拒绝空转；茶修练习，身心大益。与读者共勉。

2020 年 6 月 6 日于大益茶道院

了不起的"小野猪"

　　2018年6月，正值俄罗斯世界杯如火如荼地进行，突然间，人们为泰国一支叫"小野猪"的少年足球队揪起了心。6月23日，因为"小野猪"队中有人过生日，队员们与助理教练共13人相约去当地名为"睡美人"的山洞探险。不料遭遇暴雨引发的山洪，洪水流速迅猛，倒灌进山洞，迅速形成深达数米的水坑，而队员们大多不会游泳，因此无法从洞口逃离，只好向山洞深处退避。

　　在退避到距离洞口2.5英里（约4千米）的洞穴深处后，他们终于退无

可退，所有人被逼到一段"孤岛"样的石坡上，眼看着洪水水位持续缓慢地上涨。

当时洞穴里的环境是这样的：

空气：腥臭潮湿，且含氧量远低于正常空气；

光照：一片漆黑，他们只有一支手电筒；

食物：只有少许零食，仅够少数人吃一顿；

水源：洞里虽然最不缺的就是水，但山洪水因含有大量病菌，根本不能饮用，只有岩壁上的少许冷凝水可供舔饮。

通信：与外界隔绝，根本不知道是否会有人来施救，且因为众人从洞口一路走来，深知救援难度极高。洞穴里的路径十分曲折复杂，最深处积水5米左右，最窄处仅40厘米，极难通过。

心理：队员最小的11岁，最大的16岁，助理教练也只有25岁。面对如此绝境，任何人一旦情绪崩溃，恐惧的心理也势必像瘟疫一样在群体内扩散，有限的空气、水源、食物，当下的每一分、每一秒，都可能是生命最后的时光，人性面临着严峻考验。

这是真正的"叫天天不应，叫地地不灵"！面对如此处境，如何才能得救呢？是奥数得满分、钢琴过十级、体育特长，还是"少儿主持人大赛金奖"的荣誉？

13人就在这样的环境中整整待了10天才被发现，又经过漫长的7天，才被全部救出，前后共17天！而令人惊奇的是，整个过程中他们始终保持了情绪的稳定和体力的充沛。特别是在第一名潜水员发现他们的时候，13个人安定的情绪和足以随意走动的体力，让这位救援经历丰富的英国前海豹突击队队员也感到大为吃惊。他们是如何做到的？这十几天他们是如何熬过来的？要知道，在2020年新冠病毒暴发期间，很多人即使有吃、有喝、有娱乐地在家待上一周也觉得难以忍受。

这里要提到事件中的关键人物：25岁的助理教练AKE（本名：

Chanthawong，"AKE"是小队员们对他的昵称）。

AKE 教练出生在清迈的一个小村庄，2003 年，在他 10 岁时，一场瘟疫夺走了他父母和 7 岁的弟弟的生命，只剩下他和奶奶相依为命，而奶奶因为年迈多病，无力照顾小 AKE，好在村民们大多心地良善，AKE 得以吃百家饭长大。在 AKE 12 岁那年，依照泰国习俗出家为僧，直到 2016 年奶奶病重，他才还俗回家照顾奶奶。AKE 从小酷爱足球，因此在照顾奶奶的同时，他去小野猪队当了助理教练。在两年的执教过程中，AKE 对小队员们百般爱护，为他们付出很多。比如他会自掏腰包给孩子们买奖品，鼓励他们好好踢球，也经常在孩子们的父母不能接送的时候，自己骑车接送他们参加训练或者上下学，他将所有孩子都看作自己的家庭成员。AKE 品行如此，源于感同身受和在寺院里的 10 年修行。AKE 的婶婶在事后接受采访时说："AKE 爱这些孩子，因为他很小的时候就经历过失去至亲的巨大痛苦，他无法再承受类似的悲剧。"加之 10 年的修行，重塑了他温暖的精神世界，使一个因为童年缺失父母兄弟之爱而产生心理问题的孩子，成长为一个开朗乐观又极富同情心和责任感的年轻人。

读到这里，大家一定很好奇，AKE 究竟做了什么，让所有人保持了稳定的情绪和一定的体力呢？

答案是他带领孩子们在等待救援期间进行了正念冥想的练习。"专注于当下的呼吸或者身体的任何感觉，对意识的游走特别是由此引发的消极情绪保持警觉"，这就是每天除了睡觉以外，AKE 教练要求小队员们做的。

斯坦福大学冥想专家 Leah Weiss 说："正念冥想可能是维持受困洞穴男孩和教练生命的至关重要因素。"在那样的境况下，通过正念冥想，可以在生理上减慢基础代谢率，减少身体能耗，而在心理上则能减少杂念和消极情绪，不被恐惧和焦虑绑架裹挟，保持情绪的稳定以及心态的平和。是的，在这样的时刻，一心一念才是决定他们能否得救的关键。我们不可否认，世界各国的通力合作才是小野猪们最终得救的根本原因，据报道：为期 17 天的整个救

援行动涉及1万多人，数十名救援人员、约100个政府机构的代表、900名警察和2000名士兵，动用10架警用直升机、7辆救护车、700多个潜水氧气瓶，从洞穴中抽出的水超过10亿升。特别是100多名洞穴潜水员，他们尤为辛苦和勇敢，每一趟救援，仅时间就要耗费约11小时。但在此过程中，如果被困者不能保持好的身心状态，也许营救行动最终只能变成充满哀伤的尸体打捞了。

值得一提的是，在"谁先出洞，谁后出洞"这个问题上，大家也是相互谦让，最终，他们决定让住得远的孩子先出洞，以便通知所有的家长——他们当时还不知道营救事件已经轰动全球。另据救援官员称，在洞穴中发现他们的时候，AKE教练是13人中最虚弱的，获救前，他把自己那份有限的食物和水都分给了孩子们。

在这次营救行动中，也存有遗憾：一位名叫沙曼·库南的38岁泰国前海豹突击队队员在运送氧气瓶的过程中不幸溺亡。面对记者的提问"如何看待为了拯救这些孩子，致使您的孩子丢了性命"，沙曼·库南的父亲充满深情地

说道："我不会责怪他们（12名孩子和AKE教练）中的任何一个人，他们和我的儿子一样，面对困境时充满了勇气。"

这个故事中，AKE教练以他的仁爱之心以及正念冥想的方法，在危急关头永远以孩子们为先，带领他们等来了救援，成功走出了山洞。

有意识地专注当下的觉知，不去评价的态度，怀有感恩与仁慈之心，这就是正念。"小野猪"的故事充分诠释了它的内涵。

AKE教练有仁爱之心，而奉行"惜茶爱人"的茶人亦有仁爱；AKE教练用正念冥想的能力，拯救了被困的小队员，那么，我们能否像AKE教练一样，习得这样的能力去帮助生活中陷入"心灵深穴"、饱受心理问题困扰的自己或他人呢？

答案是可以！

本书将系统地向您介绍一套如何通过将正念与茶事活动相结合，习得茶人"仁且有能"的方法和技能。通过学习方法与实修技能学习与练习，帮助自己或他人实现身心大益并提升心理幸福感。

上　篇
知识与理论

第 一 章

喝茶——健康之"预"与"愈"

 本·章·要·点

通过本章学习，您将了解到：

1. 身心健康是全人类的普遍追求。

2. 精神健康尤其重要。

3. 人类精神健康现状堪忧且未来预期不良，亟待新的机制与解决方法。

4. 中国人精神健康问题不容乐观。

5. 人类寻找简单、易掌握且有效的心理与精神疾病防治方法极为迫切。

6. 东西方传统身心健康观——"预"先于"治"，蕴藏着极大的智慧，值得我们继承与发扬。

7. 现代精神治疗的局限与解决方法。

8. 科学研究表明，茶汤与以大益八式为代表的茶事活动兼具身心保健的双重功效。

第一节
人类精神健康现状

健康是幸福人生的基本前提，也是全人类共同的追求。

健康是什么？世界卫生组织（WHO）的《组织法》作了如下定义："健康不仅为疾病或羸弱之消除，而（且）系体格、精神与社会之完全健康状态。"① 该定义具有双重重要含义：一方面，强调了健康乃是身与心的全面健康；另一方面，对心理健康，亦即精神卫生或精神健康的描述，超出了无精神病患的一般常识范畴，即并不是没有精神病的人就达到了心理与精神健康的标准，而是对于该疾病的预防应该大大提前，一旦在精神或者心理较浅层面出现了问题就应该及早进行关注。世界卫生组织进一步指出："精神卫生特指一种健康状态，在该种状态下，每个人能够充分实现自己的能力，应付正常的生活压力，有成效地从事工作，并能够对其社区作出贡献。"

精神健康对于人类的感知、思维、情感表达、人际交往、工作和生活以及个体的人生追求都至关重要。在此基础上，世界卫生组织认为：促进、保护并且恢复精神健康可被整个世界视为个体、社区和社会的重要关切点。

世界卫生组织认为，以下四个重要事实需要特别注意：

1）精神卫生不仅仅是没有精神疾患。

2）精神卫生属于健康的有机组成部分，没有精神卫生就没有健康。

3）精神卫生是由经济社会、生物学和环境因素来决定的。

4）具有符合成本效益的跨部门战略和干预措施，来促进、保护和恢复精

---

① 参见世卫组织网站 https://www.who.int/zh/news-room/fact-sheets/detail/mental-health-strengthening-our-response。

神卫生。

在过去的 200 年时间里，特别是近 100 年来，随着人类社会在"进步论"的引领下不断快速发展，心理与精神疾病就像其他"文明化疾病"一样开始肆虐，社会文明的进步在让我们生活水平得到极大提高的同时，也让人类的精神健康状况不断恶化，这引起了全人类的广泛关注，世界各国对于精神健康的追求变得愈加紧迫。2013 年 5 月，世界卫生组织《全球精神卫生行动计划》(*global mental health action plan*)显示，许多国家加强了对精神健康投资的政治承诺。虽然越来越多的人认识到精神健康对全球健康和可持续发展的重要性，但有必要进一步夯实精神健康的科学基础，找到实施和扩大精神健康规划的实际有效方法。

1 全球现状

根据世界卫生组织（World Health Organization，WHO）在 2022 年 6 月 8 日发布的调查，在 2019 年，全球每 8 人中就有 1 人患有精神障碍，其中焦虑症和抑郁症最为常见。到 2020 年，由于 COVID-19 的流行，患有焦虑症和抑郁症的人数大幅增加。初步估计显示，焦虑症和重度抑郁症在短短一年内分别增加了 26% 和 28%。[①]

2018 年 10 月 9 日，为配合世界精神健康日（每年 10 月 10 日）活动的开展，著名医学期刊《柳叶刀》杂志举办了"柳叶刀全球精神卫生与可持续发展委员会"（The Lancet Commission on Global Mental Health and Sustainable Development）专家组的专题报告发布会[②]，报告人包括全球公共卫生学、精神病学和神经科学领域的 28 位国际专家以及一些精神疾病患者和维权组织。该报告指出，全世界所有国家的负面精神健康问题都在显著增加，如果这些问题得不到有效解决，从 2010 年到 2030 年，精神健康问题给全球经济造成的损失将高达约 16 万亿美元！

在众多精神健康问题中，最突出与亟待解决的是焦虑症与抑郁症，病症严重时常常造成病患自杀。据世界卫生组织估计，目前全世界有大约 3 亿人患有抑郁症，焦虑症患者有大约 6000 万人，另有精神分裂症患者达到约 2300 万人！在过去的 25 年里，全世界各国因为精神疾病而造成的经济与社会负担显著增加，且这一趋势在可以预见的将来还将持续恶化，与之相对的则是几乎没有一个国家投入足够的力量来应对这一严峻形势。没有任何其他的人类健康问题像精神健康问题一样被忽视。在这一现状下，即使是发达国家，也只有英国针对这一严峻形势做出了初步的举措。2018 年 1 月英

---

① 参见 https://www.who.int/news-room/fact-sheets/detail/mental-disorders。

② 参见 http://www.pkuh6.cn/Html/News/Articles/3582.html。

国前首相特蕾莎·梅继任命"孤独事务部长"（minister of loneliness）以处理"孤独症"这一"现代生活中的悲哀现状"，同年 10 月 10 日，她又任命多伊尔·普莱斯作为旨在降低英国自杀率的"自杀预防部长"（minister for suicide prevention），这样针对一个"具体问题"的高级别官员任命实在罕见！可见英国政府对精神健康问题的重视以及英国精神卫生现状的严峻性。

而在全世界绝大多数国家，患有抑郁症、焦虑症和精神分裂症等疾病的人大多生活在社会最底层，遭受着常人无法想象的苦难，有的可能连最基本的人权也得不到保障——包括被强制戴镣铐、虐待、歧视和监禁等。不仅如此，即使是轻度精神病患者，其就业、受教育以及正常生活也都受到了严重的干扰与侵害。

面对日益严峻的形势，以及传统心理与精神健康保障系统的失灵，一些专家呼吁大力开发和寻找各种非常规的精神保健干预机制，以应对未来的挑战，特别是着眼于缺乏医疗资源的广大中、底层人群。因此，获得 2019 年盖尔德纳（Gairdner）奖的印度心理健康研究学者维克拉姆·帕特尔（Vikram Patel）教授建议，干预机制的重心应转向精神病患者的社区康复，采用心理社会学方式，建立更加简单、易掌握且有效的干预方式，特别是预防机制，这才将有可能扭转目前的形势。

2 中国现状

2019 年，中国疾病预防控制中心发布的研究表明，包括心境障碍、焦虑障碍、酒精／药物使用障碍、精神分裂症及相关精神病性障碍、进食障碍、冲动控制障碍在内的六大精神障碍的终生加权患病率为 16.6%，即七分之一的居民在一生中发生至少一种精神障碍疾病。[①]

根据世界卫生组织（World Health Organization，WHO）在 2021 年 11 月 17 日发布的调查，在全球 10—19 岁的青少年人群中，有七分之一（14%）患有精神障碍。青春期是一个独特的发展时期，处于青春期的青少年面临着身体、情感和社会等多个方面的变化，包括暴露于贫困、虐待或暴力，都会使青少年容易受到精神卫生问题的影响。2022 年 7 月，武汉市疾病预防控制中心发表的文章表明，根据国内调查发现，儿童青少年不同程度的心理健康问题约为 5%—30%，即大约每 5 个孩子中就有 1 个有抑郁倾向。[②]

精神疾病带来的危害是巨大的。对于患者来说，因精神障碍造成的误工和工作效率低下产生的经济损失，比疾病本身治疗负担更加巨大。一项"中

---

① 参见 https://www.chinacdc.cn/gwxx/201902/t20190227_199672.html。

② 参见 https://www.who.int/zh/news-room/fact-sheets/detail/adolescent-mental-health，https://www.whcdc.org/view/18235.html。

国首次工作场所中的抑郁症"数据调查报告显示，70%的受访者曾因为抑郁症而请假中断工作，超过一半的受访者感到注意力常常难以集中而使工作效率低于平常水平。在2022年10月10日的世界精神卫生日中，联合国秘书长古特雷斯指出，每年仅焦虑症和抑郁症就导致全球经济损失约1万亿美元。①

另一个令人忧虑的事实是，我国精神疾病患者不光人数众多，造成的社会经济损失巨大，而且病患们被诊治率极低，估计不到总病患数的20%，此外，得到诊治的个体绝大多数集中在大城市，其余约80%生活在中小城市和农村等经济落后地区的患者大多得不到应有的照顾，甚至连最基本的人道主义也享受不到。除经济原因外，还有一部分是因为精神疾病患者及其家属没有认识到抑郁症等精神疾病的严重危害，即使病患们已经病入膏肓，也会因为害怕受到世俗的歧视与嘲讽而讳疾忌医，最终延误了治疗。

2018年9月，中华医学会精神医学分会第十六次全国精神医学学术大会上，据北京大学第六医院院长陆林院士介绍，中国大陆精神健康领域面临着如下几方面的严峻问题：

1.精神疾病患病率呈过快上升趋势。

目前，成人总体精神障碍的患病率约为17%，且不包括属于轻度精神障碍的失眠；而老年痴呆、抑郁症、焦虑障碍、酒精滥用、进食过度均明显增加。

2.精神疾病所造成的各类负担严重。

精神疾病在全球范围内成为仅次于心血管与癌症的第三大疾病。在我国，精神疾病的患病率高达13%，而精神疾病对青壮年个体造成的负担尤其明显，这一年龄群体恰恰是社会建设的主要力量。他们患病率高，将影响社会发展，造成难以想象的后果。

---

① 参见 https://news.un.org/zh/story/2022/10/1111262。

3. 执业精神专科医生数量不足。

根据国家卫健委的数据统计，截至 2021 年年底，我国精神科医生数量达 6.4 万人，只占全国医师数量（428.7 万人）的 1.49%。[①] 其中包括很多转岗培训的医生，但转岗人群如果数量过多，对精神科的发展可能产生消极影响，因为他们很多属于"半路出家"，其中包括一些难以适应其他科室的医生被调配到精神科。

4. 急需大量高质量人才。

精神病患者管理的情况、精神科的服务情况及精神病院数量都在改善和增加，且医院规模、基本设备、床位也在逐渐增加，下一步最需要的是人才培养，包括高质量的、经过合格训练的医生、护士、心理治疗师、社会工作者。这些人才都需要长期的培训。

精神健康问题引起了国家的高度重视，面对严峻的现实，如果不能快速

---

① 参见 http://m.cyol.com/gb/articles/2022-12/05/content_PbPQJ7hx0j.html。

有效地建立起精神与心理疾病的系统防治机制，未来形势将更加不堪设想。为此，2012 年 10 月 26 日，全国人民代表大会常务委员会发布了《中华人民共和国精神卫生法》，该法自 2013 年 5 月 1 日起施行，这是为发展精神健康事业，规范精神保健服务，维护精神障碍患者的合法权益而制定的。

3　精神疾病的危害

精神疾病的症状复杂多样，对患者本身、他人和家庭产生的影响很大。

1）精神疾病危害自身健康

精神疾病往往危害患者的身心健康，自杀是危害最大的一种行为。以抑郁症为例，其导致自杀的风险是一般致自杀因素的数十倍，而精神分裂症导致的自杀，在其病患中的致死率约占 13%。

此外，精神问题也能通过增加其他疾病，包括心血管疾病、糖尿病和其他慢性病而提升致残和过早死亡率。导致这一现象的内在原因有以下几个：第一，精神疾病患者几乎无法关注自身健康，甚至对危险都无法觉察。过度的精神药物使用所产生的副作用是第二个原因。体力活动减少，不健康的饮食以及治疗期间可能遭受的巨大身心创伤是第三个原因。最后，由于他们的健康寻求行为、依从性和随访的减少，往往导致健康状况更糟。

2）精神疾病患者可能会攻击伤害他人

由于精神状态异常或受到精神症状的支配，他们会做出一些危险的行为，轻者损坏他人财物造成经济损失，重者危害他人人身安全，甚至危及生命。

3）精神疾病患者社会融入度差

精神疾病患者在基本生活保障或维持就业和收入方面极易遇到困难，因此，如果没有身边人的支持，陷入贫困甚至是流浪街头是常有的事。同样地，因为异于常人，"举止怪异"且自身又存在攻击行为，所以他们常常遭受歧视、暴力，权利被侵犯并被社会排斥，即使是病情有所缓解甚至是痊愈的人也不例外，而这些现象在精神健康的人身上发生的概率则小得多。不但如此，精神疾病患者还在客观上额外增加了社会的不安全与不稳定的风险。

4）精神疾病给患者的亲人、朋友带来极大的负担和痛苦

一个家庭一旦出现精神疾病患者，特别是重症患者，就会给照顾他们的亲人朋友带来极大的精神与经济压力。精神疾病患者常常会把情绪发泄到周围人身上，甚至是无缘由地谩骂、指责亲人，或是不断破坏财物以及暴力攻击身边人，而这些现象出现时，家属不能打骂、不能抱怨，只能独自忍受委屈，最可怕的是，照顾者也许要在这样的生活中耗尽余生，无法摆脱沉重的压抑和折磨，痛苦无比。

第二节
身心保健的古老智慧

我们都希望自己身心健康地过完一生，那么我们该做些什么来避免得病，生病之后又该如何合理地应对呢？身心保健不光是现代人的追求，早在远古时期，东西方先哲与医学鼻祖就提出了应对疾病的智慧，包括"预防"与"疗愈"两个方面，以下做简单介绍：

1 阿斯克勒庇乌斯的蛇杖

阿斯克勒庇乌斯（Asclepius）是古希腊神话中太阳神阿波罗之子，是治愈之神（god of healing），他代表了医学的治疗方面，被蛇盘绕的阿斯克勒庇乌斯手杖今天仍然是医疗的象征，它在医学院校、药店等医务单位被广泛使用，世界卫生组织的标志的一部分即是蛇杖。

神话传说中，阿斯克勒庇乌斯在受命复活格劳古斯（Glaucus）时，不幸被捕并关在一个秘密监狱里。阿氏正在考虑该怎么办时，一条蛇爬到了他的手杖边。阿氏用他的手杖击杀了它。不久又来了一条蛇，嘴里衔着一棵药草，并把它放在死蛇头上，死蛇立即神奇般地活了过来！看到这些，阿氏找到同样的草药，成功将格劳古斯复活，不仅如此，阿氏将衔草之蛇带走并缠在手杖上以帮助自己寻找药材，医治百姓，并最终成为"治愈之神"（god of healing），简直就是西方的"神农氏"。单纯使用药物来治疗疾病的方法在早期西方甚至被称为"阿斯克勒庇乌斯疗法"。

在阿氏的影响下，其子嗣也成为希腊神话中的各类"医药神灵"，阿氏一家可谓名副其实的"健康守护神"之家。其中，阿氏有五个女儿最为有名，分别是：

Hygieia（健康、清洁和卫生女神）

Iaso（疾病康复女神）

Aceso（康复过程女神）

Aegle（健康之光女神）

Panacea（万能药女神）

2 许革亚之碗

许革亚（Hygieia）是阿斯克勒庇乌斯之女（一说为其妻），是健康、清洁和卫生女神。她也是医学院学生毕业时宣誓的对象。许革亚继承了父亲的衣钵，将拯救苍生作为己任。

与其父不同，许革亚除继承了衔草的神蛇以外，手中还多了一个神碗，它在神话中寓意"预防医学"，而"神碗喂神蛇"寓意：预防是医药治疗的前提和基础，即在医药治疗之前，预防是获得健康的第一道屏障，二者结合不可偏废才是医疗与保健的根本出发点。英文"health"（健康）一词即源自"Hygieia"。可见这里面即暗含着"预防与治疗"并重的古老智慧，否则，为何"健康"不以更早的治愈之神"Asclepius"为词源呢？

遗憾的是，今天的我们似乎忘掉了"健康之碗"（生活方式干预）的作用，并且变得极度迷信"蛇"（药物和医疗干预），相信科学前进的力量是解决身心健康问题的唯一有效途径，而所谓的"预防"只剩下手术前的消毒和洗手，嘱咐病人"多休息，多喝水""保持情绪良好"的话语，甚至连精神疾病患者和专科医生们都开始过度迷信药物而对形成精神问题的诸多原因特别

是深层原因关注不够，这导致预防工作缺失，以至于很多心理与精神问题没有在源头被遏制住，进而不幸发展为重大疾病。

国家卫生健康委员会副主任于学军也在 2019 年 7 月 15 日召开的国务院政策例行吹风会上说，"实施健康中国行动是党中央国务院的重大决策部署，从当前讲是为人民谋幸福、谋健康，从长远讲是为民族谋复兴。"同日，新华社发表题为《聚焦"治未病"健康指标纳入政府考核——权威解读健康中国行动有关文件》，我国将疾病预防放在前所未有的重要位置。

3 中华传统身心健康观

中国古人极为重视身心健康之道。与古希腊"许革亚之碗"的智慧一致，"未病先治"与"未乱先治"等治未病被视为身心保健中的重要原则，并主张"以静制噪""顺应自然"，以及"无为而治"等，提倡人与自然和谐相处，中国传统精神卫生思想极其丰富。叶浩生教授在《心理学史》[①]一书中对"东方身心保健"进行了丰富的解释，主要包括预防为主、养神为重、贵养精神、形神共养、适中平和、害止利为、物以养性、动静结合和顺应自然九个方面。

具体来讲，"预防为主"意为与其等疾病发生之后再来治疗不如防患于未然、从未患病前就积极做好防护，减少患上疾病的可能性。《黄帝内经》中的"治未乱"就是早期最朴实的预防医学思想。

"养神为重"意为只要重视精神健康，就不容易患有疾病。虽然身心保健中提倡"形神兼顾"，但实际上大家更注重保养身体而忽视了精神，即"重形轻神"，所以要提高对精神健康的重视。

"贵养精神"的意思是要倡导一方面提升我们的精神力，另一方面还要坚决地避免精神力的折损，这是保养身心的有效方法。

---

① 叶浩生等：《心理学史》，高等教育出版社 2005 年版，第 34—36 页。

　　"形神共养"的含义是我们的生理与心理相互影响、是一个有机的整体。对身体和心理任何一方的偏与废都会导致身心俱损的结果，因此既要好好保养身体，又要认真保养精神。

　　"适中平和"是古代先贤们早就意识到的一个问题，即只有当个体处于适宜的内外环境之中，才最有利于身心健康和获得长寿。也就是适合自己的环境才最有助于我们的身心健康。

　　"害止利为"和"物以养性"最早出自《吕氏春秋》，"害止利为"的具体含义讲的是适度满足欲望，不可压抑也不可放纵，否则会损害自身健康。而"物以养性"则代表外在的事物本应该服务于人，人不应该为追求外物而损耗性命。两者都强调了不要让欲望损害我们的健康。

　　"动静结合"意为让我们的身体和精神处于动与静的结合中，既要以静制浮、坚守精神平静，又要保持一定运动舒筋活血，促进身体健康。

　　最后，"顺应自然"则从人与大自然的关系入手，探讨身心保健，即通过顺应自然规律来养神调形以促进身心健康，达到长寿的目的。

第三节
精神保健的当下问题与解决思路

1 现代精神与心理治疗医学的局限

现代精神与心理治疗方法存在的问题大致如下：

1）医疗资源稀缺

与其他非精神科医学一样，任何国家都不能做到无限制地给予病患治疗，治疗需要在一定的预算标准之下且疗程不可过长，否则价格昂贵，患者无法承担，不得不放弃。

除了经济原因之外，心理与精神疾病医务人员的培养也是一个漫长的过程，从考入医学院攻读本科开始，经过长达5—10年的专业学习，获得执业证书，到累积数年的临床经验，这里面投入的人力、财力与时间成本极高，从而导致了相关从业人员缺乏；另外，精神科医生收入水平不高，职业风险却不小，因此从业人员流失严重，这进一步加剧了全球范围内精神疾病医疗人员严重不足，治疗效果不佳的严峻形势。

2）不够重视预防

我国卫生部前部长陈竺（2007—2013年在任）曾说："医院只是维护健康的最后一道防线！"言下之意，我们还有别的前沿防线，这句话对于维护精神健康同样适用。但因为人类对精神医学领域的了解还很浅，导致医院这条最后防线往往不堪一击，其总体治疗效果并不理想。此外，因为大多数人关于精神疾病以及心理健康的知识较为匮乏，导致绝大多数寻求诊治的病人意识到需要治疗之时，其病情已处于较为严重的程度了，以至于让"医院防线"处于几乎"一触即溃"的境地。所以说，预防对于心理与精神健康的维护可能显得更为重要。令人庆幸的是，精神科学、心理学的一个重要的现实作用就是，可以根据病患早期心理与行为上的细微异常及时发现问题的苗头，并针对性地进行早期干预，从而实现一定程度上避免未来发生严重心理与精神疾病的可能。因此，如果能对大众普及一定的心理与精神保健基本知识以及简单便捷的操作方法，就有可能较早地遏制疾病的发展，或至少能给大脑中"装一个警报器"，让他们对自身或他人的异常精神状态有所警觉。在心理与精神疾病的预防方面，现代人或可借鉴"许革亚之碗"的智慧。

3）过度分科分治

对疾病进行分类，其目的是提高临床治疗的效率，目前来看，分科变得越来越细，以至于进了医院如入迷宫。分科的合理之处在于研究和诊治的深

入和细化，但这恰恰是把某种进步性损害引向纵深的路标与步骤：一方面，分科导致各科医生越来越只专注于自己的领域，而对其他领域知之甚少，最终停留在细枝末节上解决问题，对包括心理与精神疾病在内的疾病不能做到系统性的认识，也就极大地减少了疾病从根源上解决的可能性，这是治疗效果不佳且不可持久的重要原因。另一方面，随着分科的不断细化，在诊治过程中存在的"医源性伤害"（比如各种脑成像检查）也就越多，这极有可能导致本不需要的伤害。

4）过于强调对抗

现代医学大多将各类疾病视为"敌人"，以对抗甚至"你死我活"的观点看待。比如，消炎、切除、杀灭等干预方式成为常规治疗方法。现代精神疾病的治疗也不例外，大多抱着摆脱、祛除等对抗性态度，这种方法论实属典型的"行动性思维模式"（Doing Model）。该模式指导下的心理与精神治疗已经被大量心理学实验与临床实践证明治疗效果不佳，且即使有效也大多难以维持，甚至是很多心理疾病产生的原因。而近年来以正念为基本治疗理念的心理与精神疗法受到了广泛的关注，原因在于其摒弃了行动思维模式，而采取"存在思维模式"（Being Model），即教导病患学会与负面心理与精神因素和谐共处，甚至在某些条件下采取"姑息"的态度去应对，反而能取得更好更持久的治疗效果。

5）诊治过程痛苦

这里所谓的"痛苦"在精神疾病领域里包括两层含义：一方面，很多病患根本得不到治疗，忍受着心理与精神疾病的折磨，承受着巨大的痛苦；另一方面，很多精神疾病的治疗过程本身就是痛苦的，比如曾经被热捧的"电疗治网瘾"，还有过度使用"冲击波疗法"（又叫"满灌疗法"）的矫正行为。最后，长期服用各类精神类药物因其巨大的副作用而造成的身心伤害等，而这些痛苦，只要转化治疗思路，在很大程度上是可以减轻甚至根本消除的。另外，现代心理与精神治疗医学过度偏重治疗，而对治疗之后的精神健康长期维护缺乏方法和力度，导致抑郁症之类的精神疾病复发率高。

从上述 5 个问题可以发现：和其他疾病的诊治一样，精神与心理疾病需要寻找一种系统的更接近病症根源的解决方法，且尽量从预防疾病发生的角度考虑。只有这样，才可能实现其精神健康在最大程度上的恢复或从源头上杜绝疾病的出现。

2 功能医学简介

功能医学（Functional Medicine）这一概念于 20 世纪 90 年代被提出，它是一种以系统观与对病症求根溯源为基本出发点的医疗方法论，正是针对上述现代医疗的 5 个主要问题而提出的。它采用以系统观为导向，使患者和医生都参与到治疗的伙伴关系中，将传统的，以疾病为中心的医疗转向以患者为中心。功能医学针对的是个人的整体，而不仅仅是一组孤立的症状，并寻找导致疾病的根本原因，给出更加彻底的解决方案。此外，功能医学从业者花时间与患者在一起，倾听他们的病史，观察可能影响长期健康和复杂慢性疾病的遗传、环境和生活方式因素之间的相互作用。因此，它被认为能更好地满足 21 世纪医疗的需求。

功能医学的特征如下：

1）功能医学极为强调预防的作用，是对"许革亚"智慧的回归，它为慢性疾病（除遭遇重大人生变故而造成的应激性精神创伤之外，精神与心理疾病大多属于慢性疾病）的评估、预防与治疗提供了一个强大的新操作系统和临床模型，以取代 20 世纪以来过时和无效的急性护理模式。

2）功能医学结合了最新的遗传科学、生物系统以及对环境和生活方式因

素如何影响疾病的发生和发展的理解。

3）功能医学使医生和其他卫生专业人员能够积极主动，更具预测性、个性化地使用药物，并使患者能够在自身保健中发挥积极的作用。

4）根据遗传和环境独特性的概念确认每个人的生化个性。

5）采用以患者为中心而不是以疾病为中心的治疗方法。

传统现代医学与功能医学的特征之对比

6）在患者的身体、思想和精神的内部和外部因素之间寻求动态平衡。

7）将身体内部因素与外界环境因素作为一个相互联系、相互影响的网状关系来理解。

8）主张健康是积极有活力的，而不仅是没有疾病，精神健康尤为重要。

3 功能医学与精神健康

功能医学是针对全部的医学分科而言，有鉴于它相较于现代医学的独特优点，因此可以考虑如何在心理与精神保健这一领域践行其理念与方法论，并开发成一套科学而行之有效的诊疗操作体系以应用于实践，为大众心理与精神健康提供服务。

另外，从功能医学关注的"健康受损"以及"健康活力支柱"两方面共25个要点可以看出，"压力""心理创伤""愤怒""怨恨""不宽恕""压力管理""社交""支持性人际关系""人生意义"共计 9 个要点涉及心理与精神健康方面，而严格地说，激素平衡与睡眠也都深受心理与精神健康所影响，比如，长期焦虑导致胰高血糖素或皮质醇水平过度升高，抑郁、狂躁症导致失眠。这样算起来，有近 12 个要点涉及心理与精神因素，可见它们对大众整体健康有着特别大的影响。

第四节
茶事活动作为一种身心修养方法

上节根据对现有精神保健与治疗中出现的问题，找出了一种全面对治病根，且尽可能预防精神疾病发生的解决途径与方法——即按照功能医学倡导的系统、整体以及求根溯源的方式。那么，具体是什么方法呢?

基于正念的茶事与茶修活动是较好的方法之一。大量科学研究证明，茶作为一种饮料具有多种健康功效，而以茶为载体的茶事活动，或喝茶过程本身也可以成为一种很好的心理保健方式，下面分别对这两方面进行阐释。

1 茶的身体保健功能及其原理

茶作为一种饮用了上千年的饮料，其安全性经历了时间的检验，特别是近几十年来，随着生化科学、营养学等学科对茶的广泛关注，科研人员逐渐揭示了茶汤保健的科学依据。

研究表明，茶汤具有保健功能。从现有大量研究的成果来看，茶中含有益人体健康的生化物质，主要包括茶多酚、茶黄素、茶红素、咖啡因、氨基酸和矿物质等。

茶多酚是所有有益物质中最重要的一种，它在各种生物系统中具有抗诱变、抗病毒、抗氧化应激、抗炎的特性，因此可用于治疗慢性疾病的饮食替代策略。茶多酚还能通过对葡萄糖代谢和胰岛素敏感性的有益提升而降低 2 型糖尿病的风险。此外，它还能较好地调节人体的雌激素水平，进而对与激素相关的癌症（比如卵巢癌、子宫内膜癌）的发展具有一定的抑制作用。

　　茶中的咖啡因是另一类于健康有益的重要物质，它能增加每日能量消耗以及提升体能活动表现并减少疲劳。此外，茶中的茶多酚、茶黄素、茶红素、氨基酸、咖啡因和矿物质等通过联合作用还能改善运动能力、认知能力，让人保持清醒，提升短时记忆能力，并作为腺苷受体拮抗剂使神经系统得到有效的保护。大量研究表明，每天喝2—5杯茶对成年人是有益无害的[①]。

　　另有2019年的一项元分析研究结果表明，普洱茶具有显著的降血糖效果[②]。

2 茶的精神保健功能及其原理

　　茶不但对人的身体健康有益，对心理与精神健康同样有益，其表现至少包括两个层面：

　　① 　Sanlier, Nevin, Buşra Basar Gokcen, and Mehmet Altuğ. "Tea consumption and disease correlations", *Trends in Food Science & Technology* Vol.78 (August 2018), pp. 95-106.
　　② 　Lin, Hsin-Cheng, et al. "Systematic review and meta-analysis of anti-hyperglycaemic effects of Pu-erh tea", *International Journal of Food Science & Technology*, Vol.54, No.2 (2019), pp.516-525.

1）茶叶生化成分具有心理与精神保健功能。

近几百年来，世界各地陆续证明了茶具有放松和提神的独特功效。喝茶的人可能都体会过茶对心理与精神健康的好处，茶不仅解渴，还能帮助冥想、舒缓神经或放松身心。科学家们后来在研究茶对情绪与认知的影响中发现，喝茶可以降低压力荷尔蒙皮质醇的水平，且长期喝茶的健康证据也逐渐显现。

但喝茶的心理与精神保健功能究竟是来自茶叶的生化成分本身还是喝茶时的环境呢？毕竟人们经常在有利于放松的环境下喝茶，而放松本身可能就是有益的。

2007年，伦敦大学学院（University College London）的心理学家安德鲁·斯特普托（Andrew·Steptoe）对这一问题进行了考察，为此，斯特普托研究了健康男性饮用红茶与安慰剂（不含茶成分但与红茶同色的水果粉调制饮料）的效果。结果发现，喝茶能帮助人们更快地从压力任务中恢复

过来：喝茶组的唾液压力荷尔蒙皮质醇水平在任务完成后 50 分钟内降至基线水平的 53%，而服用安慰剂组的唾液压力荷尔蒙皮质醇水平则较高，为基线水平的 73%。问卷分析表明，喝茶的人也说他们比那些喝安慰剂的人感觉更放松[1]。因此，该研究证明了茶叶的生化成分本身对心理与精神保健具有独立的贡献。

那么，茶叶生化成分对心理与精神保健作用的关键生化活性成分有哪些呢？其保健机制又是什么呢？科学家们研究发现：茶中的儿茶素类抗氧化剂，如表没食子儿茶素没食子酸酯（Epigallocatechin Gallate，EGCG）能让人感觉更平静，并能提高人的记忆力和注意力，而 l- 茶氨酸在与咖啡因混合使用时也有类似的效果。茶叶中大概 5% 的干重是咖啡因，这可以改善情绪，提高警觉性和认知。另外，l- 茶氨酸可通过多种化学方式作用于大脑。这种化合物能通过血脑屏障，因此它可以直接促进大脑的可塑性，即大脑自我再生的过程，它还可以作用于下丘脑、垂体、肾上腺轴（身体的应激反应系统），降低皮质醇和应激水平。动物实验表明，茶氨酸也促进了神经递质 GABA（γ- 氨基丁酸），这反过来又降低了焦虑。绿茶中的 EGCG 似乎也使这种饮料对心理健康有好处。在一项细致的研究中，斯科利（Scholey）使用脑电图来比较饮用含有 EGCG 饮料或安慰剂的人的大脑活动。喝 EGCG 的人经历了大脑活动在所有带宽上的增加：α 波与 θ 波——宁静的清醒状态，和 β 波——随着专注和注意力的增加而增加。研究表明，EGCG 饮料能培养一种放松和专注的精神状态[2]。动物实验和体外实验表明，EGCG 可以通过血脑屏障直接作用于大脑，它可以改善血管的健康，增加一氧化氮的供应，这两种

---

[1] Steptoe, Andrew, et al. "The effects of tea on psychophysiological stress responsivity and post-stress recovery: a randomised double-blind trial", *Psychopharmacology* Vol.190, No.1 (2007), pp. 81-89.

[2] Scholey, Andrew, et al. "Acute neurocognitive effects of epigallocatechin gallate (EGCG)", *Appetite* Vol.58, No.2 (2012), pp. 767-770.

物质加在一起有益于认知功能[1]。

在探索茶对行为和心理健康的影响之际，人们对营养在心理健康和预防医学中的作用也越来越感兴趣。医生们需要更多的方法来应对焦虑、抑郁和与年龄有关的认知衰退。这些疾病给卫生系统带来了巨大的负担，治疗选择有限。而喝茶变成了一种有效安全而经济的选择。

2）茶事活动对心理与精神保健具有促进作用。

笔者于2014—2015年组织了一系列关于茶事活动对个体心理健康影响的研究，该研究包括7项心理学实验，全部以"大益八式"为茶事活动的具体方式，对练习者的"焦虑水平"、"社交能力"、"抑郁"、"职业倦怠"、"自尊水平"、"情绪理解力"以及"心理幸福感"是否受到茶事活动的影响进行

---

[1] Camfield, David A., et al. "Acute effects of tea constituents L-theanine, caffeine, and epigallocatechin gallate on cognitive function and mood: a systematic review and meta-analysis", *Nutrition reviews*, Vol.72, No.8 (2014): pp.507-522.

了研究。结果表明：通过共计3小时的"大益八式"理论与实操课程学习，以及每天1小时，持续1周的"大益八式"自我练习，练习者们除自尊水平以外的其他正性心理健康指标——社交能力、情绪理解力以及心理幸福感的水平显著提高，且具有至少一周的持久效果，而焦虑、抑郁、职业倦怠这三个负性心理健康指标则具有很好的缓解效果，同样地，效果持续至少1周。[①]

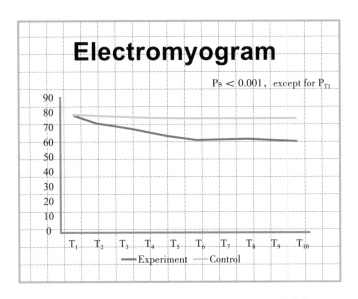

"大益八式"练习过后肌肉电数值随时间变化的曲线

上图中，横轴是时间（每两个时间点均间隔15分钟，如 T_1 与 T_2 ），纵轴是被试肌肉电水平，数值越高说明肌肉越紧张，反之则越放松。浅色线为对照组被试（不做"大益八式"练习者）的肌肉电水平，深色线为练习组（"大益八式"练习者）的肌肉电水平。该研究表明："大益八式"练习使练习者的身和心得到了放松。

而之所以出现这样的效果，原因可能在于两个方面：首先，品茗作为一种具有悠久历史的文化休闲活动，一直受到人们的喜爱，并有着众多拥趸。悠闲地做自己喜欢的事，在此状态下，人们的心理是放松的、愉悦的，并且喝茶是需要"专注于当下的活动"，这类似于正念的心理状态，而正念对消极情绪以及心理压力有很好的缓解作用，并对积极情绪具有很好的提振作用。

---

① 吴远之、王雷：《茶道心理学》，东方出版社2020年版。

因此，这可能是茶事活动具有心理保健功效的原因之一。其次，以"大益八式"为代表的茶事活动中所提倡的平和、健康的价值观对于个体心理健康具有根本性的建设作用。价值观位于意识的最底层，是我们产生心理活动特别是情绪的本质原因，而从价值观底层开始梳理心理、情绪与精神问题，必然是最有可能取得实质效果的方法，因此，可以说"大益八式"是一味治本的心理药方。

注重茶品对人体的生理健康的同时，创立"大益八式"作为一种心灵修行方法①，充分实现了"形神兼顾之"的共养观。譬如"大益八式"中的"洗尘"②提倡排除心理上的各种杂念，使内心达到"空虚"的极点，从而让内心保持高度清醒，这样才能做到以静养心，充分体现"动静结合"的"养形调神观"。"大益八式"中的"坦呈"体现了推崇顺应自然的养生观，"法度"则体现了"节制情欲"的养生观。"惜茶爱人"的茶道宗旨体现了

---

① 吴远之：《大益八式》，中国书店出版社 2014 年版。

② "大益八式"包括：洗尘、坦呈、苏醒、法度、养成、身受、分享、放下，共八个步骤，每个步骤对应茶叶冲泡过程中的一个步骤，此八个步骤蕴含深意，充分体现了茶、水、器、道四方面的有机统一，它是茶道义理的实现，又是茶道实践的前提，其重要性不言而喻。大益八式是茶道学习者入门的基本功与必修课。

"治人事天莫若啬"的"爱惜精神"以及物以养性之养生观。

综上所述,"大益八式"充分体现了东方传统的心理保健理念,这些理念对精神健康的确切益处早已为时间充分证实,正好印证了"大益八式"有益精神健康的实验结果。

总之,对于身心疾病,特别是以心理与精神疾病为代表的各类慢性疾病而言,预防应该被放在第一位。"预"应该被极力强调,其效果最好,且相比于治疗,其造成的伤害最小,而"愈"应被放在第二位,即作为"预"失守后的代偿性手段,为解决危重病症提供雷霆手段。先"愈"而后"预",轻"预"而重"愈",都是不可取的,都是贪婪、无知与傲慢的表现。

从东西方古老的身心保健智慧与近年来大量的前沿科学研究中我们可以发现,喝茶与茶事活动是一种很好的"预"与"愈"充分合理结合的保健途径,可以尝试,并进一步挖掘其身心保健功能。正如很多茶道研究者所达成的共识一般:饮茶使人们生活变得轻松精致,从精神和感官上得到宽慰,喝茶也使人得到生理与心理上的均衡,茶是一种强身剂、安慰剂。

真想对许革亚女神说:"请在您的碗里放上茶汤。"

第五节

"大益八式"练习有益心理健康的实证研究

本节将介绍大益茶道院组织的关于"大益八式"的心理保健功能的 7 个心理学实验，作为大益正念茶修心理疗愈功能效果的初步参考，以下是实验简报：

1 "大益八式"训练对焦虑情绪的缓解

1）实验目的

探索个体能否通过"大益八式"训练实现焦虑感的减轻，且效果能否持续一周。

2）实验方法

①实验被试

选取自愿参加实验的被试 84 名，男女各 42 名，年龄范围在 20—65 岁之间。所有被试均未接触过"大益八式"，且为轻度茶饮用者（每周饮茶次数少于 3 次）。

②实验材料

"大益八式"演示光盘或视频文件资料。自行开发的焦虑感水平量表，用于测试被试的焦虑感程度，该量表包括 15 个项目，5 点李克特量表记分，实验前将量表打印在 A4 纸上备用。

③实验程序

a）将被试分为控制组与实验组。

b）两组被试首先接受焦虑感水平量表测试焦虑水平作为前测成绩。

c）控制组被试不接受任何训练。实验组的被试接受"大益八式"训练，包括：动作要领的讲解共计 2 课时（2 小时）；"大益八式"核心理念课程共计 1 课时（1 小时）。

d）随后所有被试参加考核：通过动作要领与核心理念理解考试的被试进入下一环节。

e）通过考核的被试每天在晚上 7—8 点进行"大益八式"练习，同时要求回忆每一单式的核心要义，持续进行一周。

f）实验开始后的第 8 天，对所有被试再次以焦虑感水平量表测试焦虑水平以作为后测成绩。

g）一周以后，所有被试再次以焦虑感水平量表测试焦虑水平以作为三测成绩。

3）数据分析

以所有被试的前测焦虑感平均得分减去后测与三测焦虑感平均得分之差为两个因变量，将"前测－后测"命名为"短期效果"，而将"前测－三测"命名为"长期效果"。

采用 IBM PASW 18.0 软件进行单因素多元方差分析，结果表明：组别效应在两个因变量上均差异显著（$ps<0.001$，$\eta^2s>0.36$）：实验组被试的短期效果（24.17±11.21）和长期效果（15.21±9.62）明显高于控制组被试的短期效果（3.52±1.65）和长期效果（1.52±0.82）。

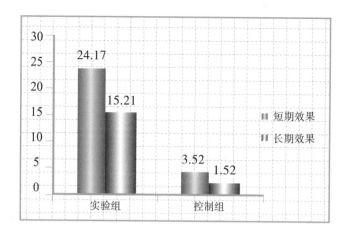

4）结论

通过"大益八式"训练后，个体的焦虑感下降水平在短期和长期上都显著低于未经训练的个体，说明该茶道训练可以作为缓解个体焦虑的一个有效手段，并且具有一定的时效性。

2 "大益八式"训练对社交能力的提升

1）实验目的

考察"大益八式"训练能否提高个体的社交能力。

2）实验方法

①实验被试

选取自愿参加实验的被试 76 名，其中男 39 名，女 37 名，年龄范围在 20—30 岁之间。所有被试均未接触过"大益八式"。且为轻度茶饮用者（每周饮茶次数少于 3 次）。

②实验材料

"大益八式"演示光盘或视频文件资料。修订的社交能力水平量表用于测试被试的社交水平，实验前将量表打印在 A4 纸上备用。

③实验程序

a）被试接受社交能力水平量表前测，并要求其室友对其人际交往能力进行 5 点李克特量表打分，取平均值，以此作为社交能力的两个测量指标。

b）将被试分为实验组和控制组，其中前者接受"大益八式"训练，后者不接受任何训练。

c）实验组被试训练后参加茶会活动，用学到的"大益八式"为 5 名茶客泡茶，席间需回答茶客至少 10 个问题，并需要对茶客间的对话进行协调，每次茶会 1 小时，共进行 4 次。分 4 天进行。

d）重复 a）步骤取得被试的社交能力后测成绩。

3）数据分析方法

采用 IBM PASW 18.0 进行方差分析。首先，对两个因变量求相关，得到二者的皮尔逊相关系数为 0.64，二者具有高相关，说明因变量一直程度高。

再以所有被试的两个后测社交能力水平得分减去前测社交能力水平得分之差为两个因变量，以组别为自变量，采用单因素多元方差分析，结果表明：组别效应在两个因变量上差异显著（$ps<0.05$，$\eta^2s>0.22$），实验组被试在社交能力水平量表上的得分增量（22.05 ± 11.39）显著高于控制组被试的得分（5.04 ± 3.74），且实验组被试在同伴打分上的得分增量（8.62 ± 4.04）也显著高于控制组被试得分增量（0.07 ± 0.03）。

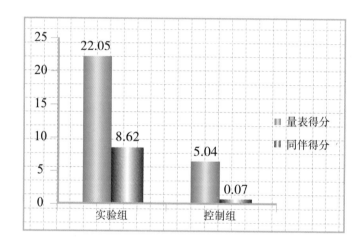

4）结论

本实验结果表明，通过"大益八式"训练，个体以席主的身份参加茶会后，其社交能力显著提高。

3 "大益八式"训练对抑郁的缓解与治疗

1）实验目的

考察"大益八式"训练是否对高抑郁水平个体抑郁的缓解具有促进作用。

2）实验方法

①实验被试

选取自愿参加实验的被试 361 名，其中男 177 名，女 184 名，年龄范围在 20—30 岁之间。根据抑郁水平，筛选出得分在 2 个标准差以上的被试，作为高抑郁水平的被试，该组被试进入实验组。所有被试均未接触过"大益八式"，且为轻度茶饮用者（每周饮茶次数少于 3 次）。

②实验材料

"大益八式"演示视频文件资料。修订的抑郁自评量表（Self-rating Depression Scale，SDS），用于测试被试的抑郁水平，实验前将量表打印在 A4 纸上备用。

③实验程序

a）全部被试接受修订的 SDS 测试，根据抑郁水平，筛选出得分在前 27% 以上的被试，作为高抑郁水平的被试，共得到 90 名，并记录其测试得分作为前测成绩。

b）将全部被试随机分为控制组和实验组，每组各 45 人。

c）控制组被试不接受任何训练，而实验组的被试接受"大益八式"训练，包括：动作要领的讲解共计 2 课时（2 小时）；"大益八式"核心理念课程，共计 1 课时（1 小时）。

d）随后所有被试参加考核：通过动作要领与核心理念理解考试的被试进入下一环节。

e）通过考核的被试每天在晚上 7—8 点进行"大益八式"练习，同时要求回忆每一单式的核心要义，持续进行一周。

f）全体被试再次接受修订的 SDS 测试，得分作为后测成绩。

g）一周后重复 f 步骤，得分作为三测成绩。

3）数据分析方法

采用 IBM PASW 18.0 进行重复测量方差分析。以所有被试的前测得分减去后测与三测得分之差为两个因变量，将"前测—后测"命名为"短期效果"而将"前测－三测"命名为"长期效果"。单因素多元方差分析结果表明：组别效应在两个因变量上均差异显著（$ps<0.01$，$\eta^2s>0.26$）：实验组被试的短期效果（7.13±2.82）和长期效果（5.02±1.99）明显高于控制组被试的短期效果（3.12±1.65）和长期效果（1.04±0.79）。

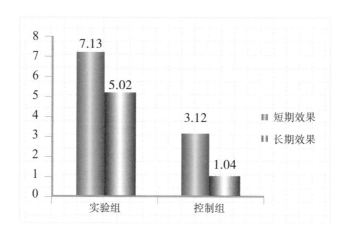

4）结论

"大益八式"训练对人的抑郁水平的下降具有短期和长期双重效果。

4 "大益八式"训练对职业倦怠的缓解与治疗

1）实验目的

验证"大益八式"训练是否对职业倦怠具有缓解与治疗作用，且作用具有一定的持久性。

2）实验方法

①实验被试

选取自愿参加实验的被试约 120 名，男女各 60 名，年龄范围在 22—31 岁之间（25.42±3.16）。所有被试均未接触过"大益八式"，且为轻度茶饮用者（每周饮茶次数少于 3 次）。

②实验材料

"大益八式"演示光盘或视频文件资料。修订的职业倦怠自评量表（MBI-GS），用于测试被试的职业倦怠水平，实验前将量表打印在 A4 纸上备用。

③实验程序

a）将被试分为控制组与实验组。

b）两组被试首先接受职业倦怠测试，得分作为前测成绩。

c）控制组被试不接受任何训练，而实验组的被试接受"大益八式"训练，包括：动作要领的讲解共计 2 课时（2 小时）；"大益八式"核心理念课程，共计 1 课时（1 小时）。

d）随后所有被试参加考核：通过动作要领与核心理念理解考试的被试进入下一环节。

e）通过考核的被试每天在晚上 7—8 点进行"大益八式"练习，同时要求回忆每一单式的核心要义，持续进行一周。

f）实验开始后的第 8 天，对所有被试再次进行职业倦怠测试，得分作为后测成绩。

g）一周以后，所有被试进行第三次测试，得分作为三测成绩。

3）数据分析方法

采用 IBM PASW 18.0 重复测量方差分析，分析数据。以所有被试的前测职业倦怠水平得分减去后测与三测职业倦怠水平得分之差为两个因变量，

将"前测－后测"命名为"短期效果"而将"前测－三测"命名为"长期效果",进行单因素多元方差分析,结果表明:组别效应在两个因变量上均差异显著(ps<0.01,$\eta^2 s$>0.19):实验组被试的短期效果(6.58±4.11)和长期效果(5.91±3.14)明显高于控制组被试的短期效果(3.52±1.97)和长期效果(0.99±0.69)。

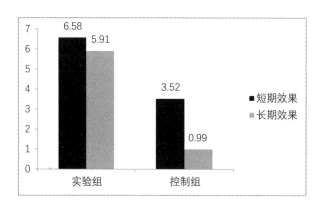

4) 结论

"大益八式"训练可显著降低个体的职业倦怠水平且具有一定的持久效应。

5 "大益八式"训练对自尊水平的提升

1) 研究目的

考察"大益八式"训练是否能显著提高练习者的自尊水平,且具有一定持久效果。

2) 实验方法

①实验被试

选取自愿参加实验的被试约100名,男女各50名,年龄范围在19—24

岁之间。所有被试均未接触过"大益八式",且为轻度茶饮用者(每周饮茶次数少于3次)。

②实验材料

"大益八式"演示光盘或视频文件资料。修订的自尊水平自评量表(SES),用于测试被试的自尊水平,实验前将量表打印在A4纸上备用。

③实验程序

a)将被试分为控制组与实验组。

b)两组被试首先接受自尊水平自评量表测试,得分作为前测成绩。

c)控制组被试不接受任何训练,而实验组的被试接受"大益八式"训练,包括:动作要领的讲解共计2课时(2小时);"大益八式"核心理念课程,共计1课时(1小时)。

d)随后所有被试参加考核:通过动作要领与核心理念理解考试的被试进入下一环节。

e)通过考核的被试每天在晚上7—8点进行"大益八式"练习,同时要求回忆每一单式的核心要义,持续进行一周。

f)实验开始后的第8天,对所有被试再次进行测试,得分作为后测成绩。

g)一周以后,所有被试进行第三次测试,得分作为三测成绩。

3)数据分析方法

采用IBM PASW 18.0软件进行重复测量方差分析。以所有被试的前测自尊水平得分减去后测与三测自尊水平得分之差为两个因变量,将"前测－后测"命名为"短期效果"而将"前测－三测"命名为"长期效果"。采用IBM PASW 18.0软件进行单因素多元方差分析,结果表明:组别效应在两个因变量上均差异不显著($ps>0.10$,$\eta^2s<0.002$):实验组被试的短期效果(3.11±1.75)和长期效果(1.25±0.95)与控制组被试的短期效果(3.02±1.23)和长期效果(1.36±0.97)差异不明显。

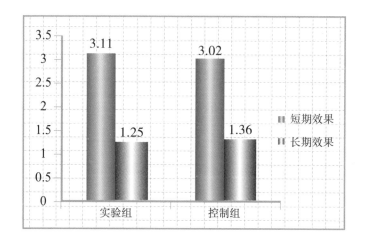

4）结论

"大益八式"训练对提高个体的自尊水平无明显长短期效果。

6 "大益八式"训练对情绪理解力的提升

1）实验目的

考察"大益八式"训练是否对个体的情绪理解力具有提升作用并有一定的持久性。

2）实验方法

①实验被试

选取自愿参加实验的被试约 110 名，男女各 55 名，年龄范围在 18—34 岁之间。所有被试均未接触过"大益八式"，且为轻度茶饮用者（每周饮茶次数少于 3 次）。

②实验材料

"大益八式"演示光盘或视频文件资料。修订的情绪理解力量表（TEC），用于测试被试的抑郁水平，实验前将量表打印在 A4 纸上备用。

③实验程序

a）将被试分为控制组与实验组。

b）两组被试首先接受情绪理解力测试，得分作为前测成绩。

c）控制组被试不接受任何训练，而实验组的被试接受"大益八式"训练，包括：动作要领的讲解共计 2 课时（2 小时）；"大益八式"核心理念课程，共计 1 课时（1 小时）。

d）随后所有被试参加考核：通过动作要领与核心理念理解考试的被试进入下一环节。

e）通过考核的被试每天在晚上 7—8 点进行"大益八式"练习，同时要求回忆每一单式的核心要义，持续进行一周。

f）实验开始后的第 8 天，对所有被试再次进行情绪理解力测试，得分作为后测成绩。

g）一周以后，所有被试进行第三次测试，得分为三测成绩。

3）数据分析方法

采用 IBM PASW 18.0 进行重复测量方差分析。以所有被试的前测情绪理解力水平得分减去后测与三测情绪理解力水平得分之差为两个因变量，将"前测－后测"命名为"短期效果"而将"前测－三测"命名为"长期效果"。单因素多元方差分析结果表明：组别效应在两个因变量上均差异显著（$ps < 0.001$，$\eta^2 s > 0.22$）：实验组被试的短期效果（11.62±5.23）和长期效果（7.35±1.37）明显高于控制组被试的短期效果（5.94±3.42）和长期效果（3.28±1.23）。

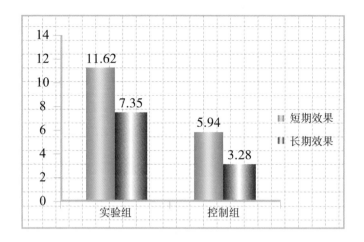

4）结论

"大益八式"训练对个体情绪理解力具有显著的提升作用，且有一定的持久性。

7 "大益八式"对心理幸福感的提升

1）实验目的

考察"大益八式"对个体心理幸福感的提升是否具有显著的提升，且具有一定持久性。

2）实验方法

①实验被试

选取自愿参加实验的被试89名，其中男46名，女43名，年龄范围在17—30岁之间。所有被试均未接触过"大益八式"，且为轻度茶饮用者（每周饮茶次数少于3次）。

②实验材料

"大益八式"演示光盘或视频文件资料。修订的心理幸福感自评量表（Ryff），用于测试被试的心理幸福感水平，实验前将量表打印在 A4 纸上备用。

③实验程序

a）将被试分为控制组与实验组。

b）两组被试首先接受心理幸福感量表测试，得分作为前测成绩。

c）控制组被试不接受任何训练，而实验组的被试接受"大益八式"训练，包括：动作要领的讲解共计 2 课时（2 小时）；"大益八式"核心理念课程，共计 1 课时（1 小时）。

d）随后所有被试参加考核：通过动作要领与核心理念理解考试的被试进入下一环节。

e）通过考核的被试每天在晚上 7—8 点进行"大益八式"练习，同时要求回忆每一单式的核心要义，持续进行一周。

f）实验开始后的第 8 天，对所有被试再次进行测试，得分作为后测成绩。

g）一周以后，所有被试进行第三次测试，得分作为三测成绩。

3）数据分析方法

采用 IBM PASW 18.0 软件进行重复测量方差分析。以所有被试的前测心理幸福感水平得分减去后测与三测心理幸福感水平得分之差为两个因变量，将"前测－后测"命名为"短期效果"而将"前测－三测"命名为"长期效果"。采用单因素多元方差分析结果表明：组别效应在两个因变量上均差异显著（$ps<0.05$，$\eta^2 s>0.30$）：实验组被试的短期效果（25.27±12.49）和长期效果（15.21±6.99）明显高于控制组被试的短期效果（13.52±8.24）和长期效果（9.29±4.91）。

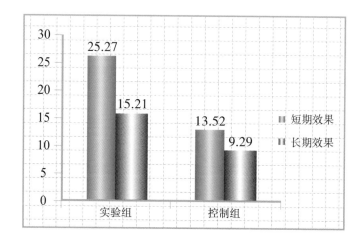

4）结论

"大益八式"训练能显著提升个体的心理幸福感，且具有一定的持久性。

总的结论：以上分别以焦虑水平、社交能力、抑郁、职业倦怠、自尊水平、情绪理解力以及心理幸福感为主要心理健康指标，考察了"大益八式"茶道训练对它们的影响，结果表明"大益八式"训练可显著提高除自尊水平以外的其他正性心理健康指标——社交能力、情绪理解力以及心理幸福感的水平，且具有一定的持久效果，而对焦虑、抑郁、职业倦怠这三个负性心理健康指标则具有很好的缓解作用，且效果同样具备一定的持久力。这为后续开发出的大益正念茶修项目提供了一个参考的基础。

第 二 章

正念及其身心疗效

本·章·要·点

通过本章学习，您将了解到：

1. 什么是正念？

2. 正念的历史。

3. 心理问题的正念解读。

4. 正念练习有益身心健康。

5. 五种正念基础练习简介。

第一节
何为正念

1 正念简史

在学习正念的概念之前，如果仅靠望文生义，很多初学者可能会认为正念是如下概念：正确的观念，正能量的信念，积极、乐观的心态。而实际上，这些理解都是有失偏颇的，正念的概念，关键在一个"念"字上。

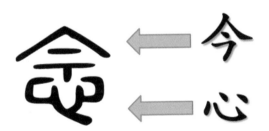

念：当下的心

简言之，正念实际上是指"当下的心"或"心在当下"，且对事物的如实不加评价之态度。

"正念"一词最早源于巴利语：Sammā（正确地、适当地、完全地）Sati（觉知），它通常被英语国家翻译为"赤裸的注意"（Bare Attention），是早期佛教重要理念之一，并在佛教的发展与传播中逐渐拥有更广泛的含义和应用。它也是佛教"八正道"之一，所谓"八正道"，又叫"八支正道"或"八支圣道"，是达到佛教最高理想境地（涅槃）的方法和途径，也是佛教"四圣谛"之一"道谛"的根本方法。

八正道包括：

正　见：正确体见诸法之理性而不谬误，亦即坚持佛教四圣谛的真理。

正思维：又称正志，思四谛理，离诸杂念。

正　语：正确的话语，说话应该诚实可靠，不妄语、不绮语、不恶口、不两舌。

正　业：正确的行为。不作杀生、偷盗、邪淫等恶行。

正　命：过符合佛陀教导的正当生活。

正精进：改掉烦恼习气，成为更好的自己。

正　念：觉知与接纳。

正　定：心缘一体，觉悟。

在国外，"正念"一词于 1921 年被英国巴利语学者托马斯·戴维斯（Thomas Davids）（1843—1922）首次译作英文"Mindfulness"。随着东西

方文化的广泛交融，到 20 世纪中叶，"正念"在美国得到了一批学者，特别是医学与心理学研究者的广泛关注，20 世纪 50—70 年代，美国正经历着第二次世界大战后的国力上升期，经济快速发展，人的思想意识与道德观念剧烈变动，人心浮躁不安，从而出现了一系列心理与社会问题。面对这些问题，美国人通过不断寻找答案而接触到了中国的禅宗思想，他们惊奇地发现：通过诸如静坐、内观等禅修方法能较为容易地让自己的内心获得持久的平静。不仅如此，这些方法还能丰富人们的精神世界，改善人际交往，这让当时处于纸醉金迷、尔虞我诈社会背景下的美国人感觉找到了心灵的归宿。随后，"禅宗热"开始在美利坚乃至整个北美地区流行起来。

1979 年，乔·卡巴金（Jon Kabat-Zinn）教授通过多年的正念的学习与治疗实践，剥离了禅宗中正念的宗教属性，在马萨诸塞大学创立了正念减压项目（Mindfulness Based Stress Reduction，MBSR），用于治疗诸如疼痛的慢性疾病。这个项目启发了正念思想和实践在医学上的结合与应用，并且现在还广泛应用于学校教育、监狱管理、心理康复等其他领域，主要针对抑郁症、焦虑症以及药物成瘾等临床心理与精神疾病进行治疗。根据卡巴金教授的说法，经他改造过的正念练习能够被西方社会中许多不愿接受佛教词汇的人所认可，并通过实践证明该方法是可以使他们受益的。一些西方研究人员和临床医生试着将正念练习引入心理健康治疗项目，受卡巴金教授的启发，他们通常能将正念减压治疗中的技能独立于佛教文化来使用，并取得了良好的效果。

目前，关于正念的定义很多，甚至卡巴金教授在推广正念的几十年中也在不断修正其定义：

①正念就是觉知，就是用不带任何评判色彩的态度活在此时此刻，充分觉察当下发生的一切。

②正念是当我们把注意力有意地、不加评判地放在当下时所产生或者涌现的那份觉知。

③正念就是透过我们的五种感官，不断地回到当下的体验中、回到身体的感受。

④正念是以一份接纳的心，对当下保持觉知。

⑤正念是善待、探索、平衡自己。

⑥正念是全然的抵达。

本教程在综合考量各类关于正念的定义后，取其"最大公约数"，将以下表述作为本书的正念定义：

所谓正念，就是一种有意识、非评判性地对当下所处身心状态进行觉知的方法，由此达到身心平衡，减少或缓解心理问题之困扰。

"有意识"（Consciously），指在生活中尽量避免非必要性的自动化思维或行为，力图对自己当下的心理状态保持清醒的认识。

"非评价"（Nonjudgmental），指仅仅对当下的意识或者觉知状态保持观察，而尽量不对其进行价值性判断（好坏、美丑、贵贱等）。非评价并不是不评价，而是对自身的主观评价过程尽量保持警觉，通过非评价最终做到不评价或少评价。

"处当下"（Moment To Moment）指将觉知的焦点放在此时此刻，不去回顾过去，也不展望未来，更不是对觉察对象的过度扭曲。

2 正念的八大原则

卡巴金教授进一步归纳出，为达到"有意识"、"非评价"与"处当下"的目的，以下 8 个原则[①] 可供参考，它们也是 8 种相互联系的练习方式：

①非评价（non-judging）、②信任（trust）、③初心（beginner's mind）、④非用力（non-striving）、⑤接纳（acceptance）、⑥耐心

---

① 胡君梅：《正念减压自学全书》，中国轻工业出版社 2018 年版，第 37-38 页。

（patience）、⑦慷慨（generosity）/ 感恩（grateful）和⑧放下（letting go/be），其具体含义如下：

非评价：摆脱好恶的牵制与左右，专注自身分分秒秒的体验。

信　任：信任自己与自身的感受，不依赖于外在的指导和左右。

初　心：保持一切如初见的好奇与开放，不被惯性所牵绊、不自以为是。

非用力：不勉力、不强迫，不去操纵、控制和强行改变。

接　纳：承认并允许一切如其所是地存在，看到事物当下的样貌。

耐　心：允许人、事、物有自身的发展速度，了解并接受。

慷慨 / 感恩：慈爱、给予、联结，经历过才知拥有的可贵。

放　下：放下体验中对某些经验的控制欲，尊重客观生命周期。

实际上，在正念实修以及日常生活中，上述 8 个原则之间并不是孤立的，而是存在着某些关联，因此，不必刻意去记忆它们，比如练习"非用力"时，"接纳""慷慨""感恩""信任"就都在里边了；练习"信任"时，"接纳""耐心""非评价""非用力"也都包含了。

3 正念的流行

正念其实早已在世界上风靡，对我们中国人来说，它实在是一个"出口转内销"的练习方式，因为与佛教特别是禅修有着密切的关系，因此，它其实早就在中华文化中存在着。

截至 2019 年末，全球有 60 个国家，720 家医院开设有正念治疗相关服务。知名应用"Head Space"上，每天活跃用户达到约 150 万人。

2017 年，至少冥想过一次的美国人多达 1.2 亿，而该数字在五年前还只有 1800 万。

因为名人推荐、不涉及宗教理论、课程简单，所以，正念跟着人们的焦虑火了起来。

美国苹果公司前 CEO 史蒂夫·乔布斯、福特汽车公司主席威廉·福特、绿山咖啡创始人罗伯特·斯蒂勒、社交软件推特的联合创始人之一伊万·威廉姆斯、脸书创始人马克·扎克伯格等 IT 界精英对正念极为推崇，且大多都是正念相关练习的热衷者甚至是发烧友，伊万·威廉姆斯甚至在坐落于寸土寸金的美国硅谷，其 61 层办公大楼的每一层都设置了一间正念冥想室。

另外，英国政府于 2015 年 10 月成立了跨党派议会正念小组（Mindfulness All Party Parliamentary Group），并发表了《正念国度——英国》的调查报告，于威斯敏斯特宫公开，力求将正念的相关理念运用在健康、教育、职场和司法领域。

体育界也一样。网球运动员德约科维奇，将正念冥想 15 分钟作为每天都不可少的训练。美国"飞鱼"，游泳运动员菲尔普斯（Phelps）也每天坚持正念训练。足球运动员哈兰德（Haaland）、格列茨曼（Griezmann）以及萨拉赫（Salah）都是正念练习的热衷者。

4 两种思维对比

心智模式或解决问题的思维模式就像我们需要的各种营养素一样，每一种都有它们适用的条件，并没有绝对的优劣，在现实生活中，只有对它们的使用得当或失当的区别。

下面通过对比两种相反相成的解决问题的方式来理解正念以及它的心理保健效果。

1）行动思维模式（Doing Model）

行动思维是我们在处理身心以外问题的时候最常用，也最为有效的一类解决问题的方法。

为了解决某个问题，心智常常按照特定的可预期的模式运作。比如，为了制作熟茶，我们会采取如下的检测流程：

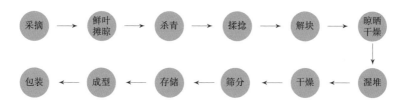

为了提高工作效率，生产出合格的熟茶产品，我们必须将三个要素保持在心里，并不断地比较：

当前的状态　　　预期的目标　　　避免的结果

通过在心智中持有并比较这三个概念，你可以看到当前事物状态与希望达成目标状态之间的差距，以及当前事物与避免结果之间的差距。只要知晓这几个状态间的差异是在增大还是缩小，行动模式就能保证将心智和身体运行在正确的方向上，达到最后的目标，规避不希望的结果。在现实中，上述

过程往往是在自动思考的条件下进行的。

行动思维具有如下七个特征：

自动进行

运用思维和概念完成问题

为了完成任务，思维在过去和未来，不在当下

避免的目标会出现在心智中

关注事物的差异性，特别是任务当前与期望目的的差异

将思维或想法视为真实

持续锁定目标，直到疲惫不堪而停止，行动模式有时候极其苛刻无情

行动思维是人类的重要思维方式之一，我们正是在这样的思维方式上，创造出了科学和技术。

行动思维既然如此有效，为什么不可以用它来解决心理问题呢？

前面说过，在行动思维模式状态下，心智会持续地保持上述三个要素"当前的状态"、"预期的目标"与"避免的结果"。因此，一旦我们碰到我们希望没有悲伤，希望自己快乐，希望改变自己"气场不足"的性格特征时，问题就出现了！比如，"我希望快乐"，或"我现在不开心"被保持在脑海中，并不断做"复读机"式播放时会怎样呢？

读者朋友们可以试试。实际上人大部分人的感觉更差了，这在心理学上叫"启动效应"。即总是在脑海中复现某个事物时，我们很容易被这个也许本不存在的念头所影响，将其当作现实，且将当前状况与未达到的目标进行反复对比时，心理上我们会误以为差距被不断拉大，然而其实并没有。这种比较一旦进入自动化模式，我们就很难释怀并用理智脱离，而陷入追求想要，回避不想要的无限挣扎中。这也叫"反刍思维"，即内心不断加码于采用行动思维解决问题，然而效果却是南辕北辙。

那么我们该如何去做才能不陷入或者跳出反刍思维的旋涡呢？

可以有两个步骤：

①对自己的思维，特别是信念中的自动思维或反刍思维时时保持警觉，做到能及时识别，不被其裹挟操控。

②培养或选择另一种心智模式或思维模式，让我们能更有技巧地应对过度的消极情绪对内心的侵蚀。

这种心智模式就是存在思维。

2）存在思维模式（Being Model）

存在思维模式是一种与行动思维截然相反的思维模式，它会让个体将注意力放在当下，并用好奇与开放的心态来接受任何体验，不着急，甚至不寻求改变，而是停留在当下的体验上，因此不会受到过去的挫败与未来的担心以及回忆、想象等"过度思考"的干扰。

存在思维模式同样具有 7 个特征，只是与行动思维截然相反，大家可以不看以下文字，而是试着从行动思维的 7 个特征去反推。

存在思维的 7 个特征：

> 通常是有意识地，主动地，有选择地

> 通过直接感觉去体悟或认知

> 全然处在当下

> 有意识地接近痛苦、接纳痛苦、体验痛苦，但不评价痛苦

> 允许事物是当下的样子

> 将想法首先看作想法

> 了解或满足自己和他人更广阔的需求

存在思维模式怎样帮助我们从情绪中解脱？主要有以下几个方面：

①存在思维模式让我们从无尽的反刍思维中跳出来，专注于此刻的体验，而不是陷在没完没了的思考、推理和无根据的猜测中。

②存在思维模式让我们仅仅接纳体验，不对体验做过多解读，不关注我们自己的不足以及现状与目标的差距。

③存在思维认为想法可能只是想法而并非事实本身，这样一来，想法就很难将情绪拉向负面或者低谷，使得我们陷入负性情绪的泥淖不可自拔。

④存在思维模式让我们全然地与当下的感觉共处，这种转变也许可以让我们打开另一个世界，得到前所未有的体验。

正念就是这种存在思维模式的一个极好的代表，"有意识地觉知当下，不评判的态度"，正念的定义充分体现了存在思维模式的 7 个特征，近几十年来的科学研究充分证明，正念是一种心智有效的身心保健方式。

举例：张三请李四喝普洱熟茶，当喝到第一口茶的时候，李四内心逐次产生了如下活动：

- "茶汤有霉味呢。"
- "看来下一口也是如此了。"
- "发霉了的茶汤你也请我喝，张三你舌头是不是废了？"
- "这小子一定不是好人。"
- "他给我喝发霉的，是不是因为上次他儿子想上重点中学的事我没给他办？这小子真记仇。"
- "没办法，谁让他是王局长的小舅子呢，咱是敢怒不敢言。算了，也喝不死人，再喝一杯就扯个理由溜吧，我难道还等着受罪吗？"
- "唉，这个点儿走人正赶上下班时间，也不知道好不好打车，今天真倒霉。"

下面来分析一下李四想法的变化过程：

• "茶汤有霉味呢。"（纯粹的感官发现）

• "看来下一口也是如此了。"（从感知中吸取教训，并开始被自动思维导航，过于主观地揣测未知）

• "发霉了的茶汤你也请我喝，张三你舌头是不是废了？"（将想法当事实，并开始下一步的自动思维——对张三感官能力的负面评价进入当下意识）

• "这小子一定不是好人。"（首次出现对张三人格的负面评价）

• "他给我喝发霉的，是不是因为上次他儿子想上重点中学的事我没给他办？这小子真记仇。"（自动思维引发的负面评价继续引发第二次负面评价，并开始离开当下而回顾过去）

• "没办法，谁让他是王局长的小舅子呢，咱是敢怒不敢言。算了，也喝不死人，再喝一杯就扯个理由溜吧，我难道还等着受罪吗？"（由负面评价引发过去事件的消极联想，又产生了对未来事件的消极预期并产生关于未来行动的打算，再次非处当下，这次不是回顾过去而是臆想未来）

• "唉，这个点儿走人正赶上下班时间，也不知道好不好打车，今天真倒霉。"（未来行动的打算引发了对未来可能不必要的担心以及由担心引发的进一步怨恨情绪）。

事实上，李四只是个初尝普洱熟茶滋味的人，他并不知道自己尝到的"霉味"只是这种茶品的独有风味——陈味而已，这跟发霉毫无关系。而且，张三为表好客尊敬之意，给李四喝的是他珍藏已久的上好茶品，不仅如此，而且从未对李四未能帮自己儿子上重点中学有任何挂怀。

我们可以看到，仅仅是因为李四喝的一口茶有"霉味"，就在他心里产生了许多既消极又不合事实的评价，而这些评价又像滚雪球一样带来了越来越多的消极情绪。

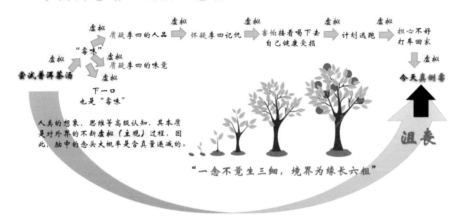

李四的思绪"自动发散"过程

　　如果李四能及时觉察到自己"漫天飞舞"且"无中生有"的评价，也许这次茶聚就能喝出宾主双方皆大欢喜的效果。读者朋友们可以试试，花一天时间有意识地去对自己的评价（包括消极与积极）进行觉察，看看究竟有多少。事实上，评价一旦产生就很可能引起情绪或冲动的行为，它们交织在一起，就可能产生更多、更复杂的情况。

　　"一念不觉生三细，境界为缘长六粗"，说的就是头脑中的一个念想、一个判断如果不加以有意识地关注，放任它在思绪里肆意驰骋，就可能凭空长出无尽的烦恼，有些根本就是杞人忧天（或痴心妄想）。可见，行动思维某些时候会是我们心中杂念生长的土壤，只有对它保持警觉，才能有效阻止其无限生长，让我们的负面情绪得到有效的抑制。不仅如此，正念还能够极大地提升我们的积极情绪体验并能提升我们的心智，这些好处，在之后的章节中会讲到。

　　　　　　别被你的想法戏耍，

　　　　　　过度思考和担忧，

是不必要痛苦的原因之一，

放下，并且拥抱当下吧！

——一行禅师

5 正念不是什么

下面我们从相反的方面，也是初学者容易发生误解的方面，来谈谈什么是正念。希望通过正反两方面的对比，让"正念是什么"在读者朋友的脑海中变得更加清晰。

1）正念不是放松技巧

进行正念练习或使用它作为我们生活、工作、学习的指导时，特别是处理自己的心理或情绪问题时，往往能带来放松的效果，但放松不是正念：比方说，我们通过知识学习掌握了一些谋生技能，但谋生技能本身并不是知识

学习本身，知识学习能帮助我们建立健全的人格，提升思维能力，以及汲取人生智慧等，掌握谋生技能只是众多知识学习的结果之一。另一方面，正念不是某种类似放松的结果，正念本质上是一种态度、一种思维方式、一种哲学，这才是正念的真相。

2）正念不是创造出某种特殊的境界

很多视频、图片或文字材料的描述中，都会出现闭眼打坐的正念练习者的形象，这往往让很多初学者产生误解：以为正念是在练某种"功"，或者追求什么独有的心灵境界。实际上，正念不过是它所被定义的那样，只是"专注当下的觉察、不评价的态度"，它只强调去觉察外在事物或观照自己的内心，除此以外并不追求什么特殊的感受以及心理境界，过度去追求"境界""层次"以及某些奇异的体验感觉等虚妄之物，恰是正念练习所要避免的。

3）正念不是发呆

很多人误以为，正念就是"坐着发呆"，这是严重错误的。所谓发呆，本质上是一种思维游走而没有觉察的状态，在发呆的时候我们任由自己被下意识或自动思维带走，根本没有活在当下，这恰恰是与有意识地觉察当下 —— 正念所相反的意识状态。

4）正念不是转念

也有人认为，所谓正念，就是将自己对事物的消极看法转变为积极的看法，甚至认为正念就是自欺欺人地用"精神胜利法"去看待事物。这些都是对正念的误解：正念并不将事物绝对地区分为"积极"或"消极"，因为"区分"本身就是一种评价行为，且区分的标准也大多是主观的，而正念提倡"如其说是"地觉察或反映事物。举例来说，无论是快乐还是悲伤的情绪，正念都只提倡去觉察它们，而不是被它们过度裹挟，或者只接纳积极而排斥消极，抑或对消极进行扭曲伪装后才去接纳：譬如当自己的恶劣行为被人指责后，不但不反思自己的错误，反而认为对方嫉妒自己的才华，压抑消极情绪无视现实以自欺。

5）正念不是阻止念头

很多正念初学者经常挂在口头上的一句话是："我愤怒（悲伤、抑郁、恐惧）了，这不好！我应该'正念'一下，不该有这样的情绪，我必须停止悲伤、抑郁、恐惧等感受。"这也是不对的，正念从来不阻止、禁止、回避、限制或拒绝任何头脑里的真实想法或情绪，它只是要求我们做到对这些想法或情绪有意识地觉察。因此，正念绝不是马路上的"交通红灯"，它只是个"监控摄像头"而已。

第二节

正念练习有益身心健康

越来越多的科学研究以及医疗实践表明：正念相关的练习具有身心保健与疗愈的良好效果，一些特定的正念训练甚至有利于认知功能乃至心智模式的提升，本节将向大家详细介绍这些研究。

从 20 世纪 70 年代末开始，正念获得了越来越多科学研究的关注。1992年，卡巴金教授通过对患者进行系统的两个月正念干预治疗后发现，绝大多数病患在心理焦虑、抑郁以及疼痛水平上都显著下降，治疗结束后对疗效进行两个月的追踪研究发现：正念干预的疗效稳定且持续。此后，对这些病患又持续观察了 3 年，疗效依然保持稳定，甚至其中一部分患者获得痊愈。过去的 40 年中，对正念在身心疾病治疗方面的研究也涌现出了大量的资料。总体来看，效果显著、持久且危害性小，这为使用正念练习缓解各种身心症状的疗法提供了有力的科学证据及启发。从研究文献的内容来看，在焦虑症、抑郁症、成瘾行为以及疼痛的治疗上，正念治疗表现优异，不仅如此，正念还在提升身体疾病、精神疾病的治疗上具有明显效果。

1 正念促进身体健康

研究发现，通过正念以及与之相关的练习，以下身体疾病可以得到有效缓解：

1. 长期慢性疼痛

慢性疼痛一般指持续或间歇性持续超 3 个月以上的疼痛。全球范围内慢性疼痛发病率约 12%。慢性疼痛的危害主要有：①给病患带来长期的痛苦，降低生活质量。②因为病痛，患者的社会与家庭生活活动减少，不利于人际交往。③被病痛长期折磨增加精神负担，以及诱发精神疾病的风险，严重者可能选择自杀。④增加社会经济与医疗负担。

研究表明，正念减压疗法能有效缓解患者疼痛症状，短期内减轻焦虑情绪及改善生活质量[1]，但对于改善抑郁情绪及长期效果仍需开展更多研究予以验证[2]。

2. 肠易激综合征

肠易激综合征是一种肠道功能障碍疾病，主要表现为排便性质改变或异常，间歇性腹痛、便秘、腹泻、黏液便、大便水稀、硬结便等，其发病率在 5%—20%，不同年龄段人群发病率不一。

研究表明，正念减压疗法可作为一种辅助治疗的方法，能短期减轻患者症状，降低患者躯体疼痛感评分，对维持情绪健康有积极作用[3]。

3. 高血压

高血压是现代人的一种常见症状，是威胁心血管健康的一个主要因素，且目前全球范围内，对该疾病的控制效果不佳，亟待新方法的帮助。

---

[1] Katz, I., Eilot, K., & Nevo, N. "I'll do it later：Type of motivation，self-efficacy and homework procrastination"，*Motivation and Emotion*, 2013, pp.1-9.

[2] 钟琴等：《正念减压疗法对慢性疼痛患者干预效果的 Meta 分析》，《中国护理管理》2018 年第 6 期。

[3] 贺菊芳等：《肠易激综合征患者正念减压疗法干预的系统评价》，《心身医学》2018 年第 32 期。

关于正念阅读训练用于治疗高血压的研究报告发现：正念疗法在高血压患者情绪管理、疾病症状控制与压力缓解等方面发挥着重要的作用。[1][2]

4. 免疫力

人体免疫是人体抵抗有害微生物进入机体及清除的能力。免疫包括特异性成分和非特异性成分。这些非特异性成分作为各种病原体的屏障或清除剂，与它们的抗原构成无关。免疫系统的其他组成部分能够适应所遇到的每种新疾病，并能产生病原体特异性免疫。免疫系统是人体最为重要的系统之一，没有它，我们无法活下去。

有研究表明，在通过正念减压疗法对被试干预 1 个月后，免疫细胞之一的自然杀伤细胞（NK 细胞）活性水平升高，外周血单核细胞产生的细胞因子如 IFN-γ、IL-4、IL-6、IL-10 的水平也显著增高[3]。这些细胞因子活性升高，说明正念训练提升了练习者的免疫力水平。

5. 慢性炎症

慢性炎症是绝大多数慢性病的一个重要诱发因素，包括免疫疾病、心血管疾病、糖尿病、脂肪肝、高脂血症以及代谢综合征等。长期慢性炎症还会导致细胞呼吸受损，导致癌症的发生。

有研究表明，进行全天 8 小时正念冥想集中训练后，练习者的组蛋白去乙酰化酶基因（HDAC 2，3 和 9）和促炎性基因（RIPK2 和 COX2）的表达

① 张瑶瑶等：《正念疗法在高血压患者中应用的研究进展》，《医学与哲学》2018 年第 39 期。

② Hughes, Joel W., et al. "Randomized controlled trial of mindfulness-based stress reduction for prehypertension", *Psychosomatic medicine*, Vol.75, No.8 (Oct.2013), pp.721-728.

③ Witek-Janusek, Linda, et al. "Effect of mindfulness-based stress reduction on immune function, quality of life and coping in women newly diagnosed with early stage breast cancer", *Brain, behavior, and immunity,* Vol.22, No.6 (2008), pp. 969-981.

在干预后发生显著降低。[①]

6. 癌症康复

癌症病人面临着巨大的身心痛苦，不仅身体承受着病痛的折磨，心理上还承受着极度的恐惧、抑郁、焦虑、失眠等折磨，特别是恐惧，无论是确诊时的惊恐还是治疗后对复发的恐慌，对病患的心灵都是极度的摧残。

许多研究发现了正念干预应用于癌症康复的积极结果，主要体现在压力、抑郁、焦虑等心理调节方面，体现在疼痛、疲劳、失眠等癌症相关症状的减弱方面，以及免疫系统、内分泌、自主神经系统、DNA 端粒等重要生理指标的改善方面。[②]

2　正念促进精神健康

研究发现，通过正念练习，以下心理与精神疾病可以得到有效缓解：

1. 焦虑

焦虑是一种以内心混乱的不愉快状态为特征的情绪，通常伴随着紧张的行为，如来回踱步、躯体僵硬、反刍性思维（将负面情绪不断表达）的言语和沉思。焦虑不同于恐惧，恐惧是对真实或感知到的即时威胁的反应，焦虑包含了对未来威胁的预期，通常表现为不安和担心的感觉和一种泛化和不集中的过度反应，焦虑者体验到的威胁信息往往是过于主观的。它常伴有肌肉紧张、焦虑、疲劳和注意力不集中。适当焦虑是正常的，而一旦焦虑过度就会给个体造成精神障碍。

---

① Kaliman, Perla, et al. "Rapid changes in histone deacetylases and inflammatory gene expression in expert meditators", *Psychoneuroendocrinology,* Vol.40 (2014), pp. 96-107.

② 生媛媛等：《正念干预在癌症康复中的临床应用》,《心理科学进展》2017年第25期。

通过系统地回顾正念用于焦虑症的预防与治疗发现：效果理想，且疗效持久。[①]

2. 抑郁与抑郁复发

抑郁是一种情绪低落、厌恶活动的状态，可以是短期的，也可以是长期的。它能影响一个人的思想、行为、动机、情感和幸福感。它常常以悲伤、思维困难、注意力不集中、食欲和睡眠时间显著增加 / 减少为特征。抑郁症患者可能会感到沮丧、绝望，有时还会有自杀的想法，抑郁还表现为情绪障碍的症状，如重度抑郁症或心境恶劣；也可以是对生活事件的正常暂时反应，如失去所爱的人；它也可由一些身体疾病和药物或医疗的副作用所带来。

抑郁症在治疗过程中往往会经历复发，其在 3 年内复发概率高达 50%，若没有持续治疗，则复发率将高达 80%。导致这一问题的原因是：常规医药治疗的副作用，治疗的连续性要求，以及对专业医生的依赖度高，导致患者依从性差，难以坚持治疗从而复发。

研究表明：对抑郁症患者在进行常规治疗及护理的基础上，仅仅实施四周的正念减压训练即可显著改善其消极情绪。[②]另有研究表明，采用正念预防和治疗抑郁症可有效减少其复发，帮助患者从反刍思维、逃避体验等适应不良的应对模式中摆脱出来。[③]

---

① Hofmann, Stefan G., et al. "The effect of mindfulness-based therapy on anxiety and depression: A meta-analytic review", *Journal of consulting and clinical psychology*, Vol.78, No.2 (2010), pp. 169-183.

② 王金莲等：《正念减压训练对抑郁症患者负面情绪的影响》，《现代护理》2018 年第 16 期。

③ 卢朝晖等：《正念认知疗法用于抑郁症复发预防的研究现状》，《医学与哲学》2012 年第 33 期。

3. 失眠

失眠，也被称为入睡困难，是一种睡眠障碍，可以是难以入睡或者睡眠过度。失眠通常伴随着白天的嗜睡、无力感、易怒或抑郁情绪。它可能会损害注意力和学习能力。失眠可以是短期的持续几天或几周，也可以是长期的持续一个月乃至数个月，或间歇性长达数十年以上。

正念被证明是治疗失眠的好方法。研究表明，时长为数周的正念练习对失眠的治疗具有良好的效果且疗效持续。①②

4. 成瘾行为

成瘾行为指一种重复的强迫行为，即使这些行为在明知可造成不良后果的情形下，仍然被持续重复。成瘾行为可因中枢神经系统功能失调造成，重复这些行为也可反过来造成神经功能受损。"瘾"可用于描述生理依赖或过度的心理依赖，例如物质依赖，药物滥用、酒瘾、烟瘾、性瘾，或是持续出现特定行为，如网瘾、赌瘾、官瘾、财迷、工作狂、暴食症、色情狂、跟踪狂、偷窃狂、整

①　Ong, Jason C., Shauna L. Shapiro, and Rachel Manber. "Combining mindfulness meditation with cognitive-behavior therapy for insomnia: a treatment-development study", *Behavior therapy,* Vol.39, No.2 (2008), pp.171-182.

②　Ong, Jason C., Shauna L. Shapiro, and Rachel Manber. "Mindfulness meditation and cognitive behavioral therapy for insomnia: a naturalistic 12-month follow-up", *Explore,* Vol.5, No.1 (2009), pp. 30-36.

形迷恋及购物狂等，它可以是生理或者心理上，同时具备的一种依赖症。瘾可分为物质成瘾及行为成瘾，行为成瘾是和物质无关的强迫症，如赌瘾和网瘾。

自 20 世纪 80 年代卡巴金教授首次推出"正念减压课程"以来，该方法有了许多发展，并在一系列的心理和身体健康障碍的治疗中发挥着良好的作用。特别是在 30 多年中的成瘾治疗领域见证了其明显的效果。研究者们建议临床医生使用，或者建议病人们在家中自我练习[①]。另有研究证明，正念对青少年网络游戏成瘾具有很好的治疗效果[②]。

5. 情绪与情绪调节

情绪是个体对事物是否满足自身需要而产生的一种主观体验，当需要被满足时即产生积极的情绪体验，相反则产生消极的情绪体验。在社会生活中，个体产生的情绪可能于己有利或有弊。为了更好地提升自身的适应力，往往需要对情绪进行调节，譬如在公共场合要适度抑制自己的消极情绪，或者在自己精力与动机不足时调动积极情绪来鼓励自己坚持，等等。

正念可以有效地调节个体的情绪体验以及极大地改善个体对情绪调节的能力。有研究者发现，从正念的核心要义来看，越能够做到"非评价"并对自身的行为与心理感知度越高，即越少受到无意识支配的个体，其产生情绪障碍的可能性越低，[③] 另有研究表明，经正念训练的个体对正性刺激（喜剧片或激励的言语）表现出了更多的积极情绪，对正、负性并存的混合刺激表现

---

① Johnson, David, et al. "Mindfulness in addictions", *BJP sych Advances,* Vol.22, No.6 (2016), pp. 412-419.

② 李心怡等:《基于正念的网络游戏成瘾综合干预》,《国际精神病学杂志》2019 年第 46 期。

③ Roemer, Lizabeth, et al. "Mindfulness and emotion regulation difficulties in generalized anxiety disorder: Preliminary evidence for independent and overlapping contributions", *Behavior therapy,* Vol.40, No.2 (2009), pp. 142-154.

出更加具有适应性的情绪反应（情商高的表现），而对负性刺激所引起的消极情绪则很少。这表明正念对于情绪调节能力的提升具有促进作用。[1]

6. 心理幸福感

幸福感具有身体、心理和社会福利等多样化维度。它包括身体活力、精神敏捷、社会满足感和个人成就感等方面。

近年来，随着正念的练习实践在健康人群中的广泛被认可，以及练习者的身心健康普遍得到很大提升，研究者们开始进一步关注身心健康的提升是否进一步提升了练习者的幸福感。结果发现：正念练习的确具有提升幸福感的独特功能。另有研究人员对产生这一结果的原因进行了探索：一些研究者发现，正念训练之所以能有效提升练习者的主观幸福感，主要是因为正念训练增加了练习者的积极情绪体验，并有效地减少了负性情绪体验。[2]

3 正念促进认知提升

知、情、意即认知、情感与意志，它们是心理活动的基本过程，是构成个性心理特征的三大要素。三者中，认知又是情感与意志的基础；没有认知，人无法体验到情绪，也不可能产生意志，对个体的认知能力进行提升或对错误的认知进行矫正将对个体能力的全面发展以及健康人格的形成，或对心理疾病的治疗具有不可忽视的基础作用。

从认知加工心理学的角度来看，认知即个体对外界信息的加工，包括感

---

[1]　Erisman, Shannon M., and Lizabeth Roemer. "A preliminary investigation of the effects of experimentally induced mindfulness on emotional responding to film clips", *Emotion,* Vol.10, No.1 (2010). p.72.

[2]　Schroevers, Maya J., and Rob Brandsma. "Is learning mindfulness associated with improved affect after mindfulness-based cognitive therapy?", *British Journal of Psychology,* Vol.101, No.1 (2010), pp. 95-107.

觉、知觉、记忆、想象、思维等过程。研究表明：正念练习对认知活动的各个过程均有不同程度的优化作用。

1. 注意力

注意虽不是认知过程，但它是影响认知的一个重要因素。注意是认知活动对特定对象的指向与持续。注意一旦出现问题，认知则根本无法正确进行，譬如：注意缺陷多动障碍（Attention Deficit Hyperactive Disorder, ADHD），对人特别是儿童的心理健康与学习产生了严重影响。

注意缺陷多动障碍是一种神经发育型精神障碍。它的特征是患者难以集中注意力，多动而不考虑后果的行为，且对自身的情绪调节也经常有问题。该精神障碍一般出现在 12 岁前，超过 6 个月，并至少在学校、家庭或娱乐活动中出现问题。儿童注意力不集中可能导致学习成绩差，但研究发现：许多该症状儿童可以对他们觉得有趣或有益的任务持续保持注意力。

近年来，正念冥想作为一种潜在的干预方法被引进到注意缺陷多动障碍的治疗领域，而越来越多的研究证据表明，正念冥想训练能有效地减轻注意缺陷多动障碍儿童的核心缺陷、改善其症状甚至亲子关系。这些积极的影响可能与儿童

的执行功能与去中心化等心理功能的改善有关，而大脑相关区域激活模式的变化和结构的积极改变，可能是正念冥想练习改善注意缺陷多动障碍儿童状况的神经基础。[①]

2. 感知觉

感觉包括：视觉、听觉、味觉、嗅觉、触觉、温觉以及机体觉，它们中的两个以上的整合反应就是知觉。研究表明：一定时间的正念训练可对感知能力产生影响，主要包括：对非不良刺激的感受性提高的同时却对不良刺激的感受性有所降低，并对外界不良刺激的忍耐与接纳度有所提高。[②]

3. 记忆

记忆是个体对外界信息的识记、保持与提取的认知过程，识记是将外界信息储存进大脑的过程，保持是将外部信息在一定时间内保存的过程，提取是从记忆中查找已有信息的过程。

有研究表明：正念可以提高抑郁症患者的自传体记忆特异性、减少过度概括化记忆从而达到有效治疗抑郁症和防止抑郁复发的目的。[③]另有研究表明，对于正常人来说，进行正念练习可有效地保护练习者记忆的容量不至于减小。[④]

[①]　李继波等：《正念冥想在 ADHD 儿童干预中的应用》，《心理科学》2019 年第 42 期。

[②]　Zeidan, Fadel, et al. "The effects of brief mindfulness meditation training on experimentally induced pain", *The Journal of Pain,* Vol.11, No.3 (2010), pp. 199-209.

[③]　Watkins, E. D., J. D. Teasdale, and R. M. Williams. "Decentring and distraction reduce overgeneral autobiographical memory in depression", *Psychological medicine,* Vol.30, No.4 (2000), pp. 911-920.

[④]　Jha, Amishi P., et al. "Examining the protective effects of mindfulness training on working memory capacity and affective experience", *Emotion,* Vol.10, No.1 (2010), pp.54-64.

4.高级认知

脑电波是重要的心理活动的指标，大脑额叶区 θ 波往往反映着人们的认知状态，主要包括：创造力、灵感状态、直觉思维以及学习能力的提高，而枕叶区 γ 波则与记忆、聚合性思维、抽象思维等整体性思维活动有关。研究发现，个体正念练习越多， θ 波和 γ 波振幅越大，这说明正念对人的高级认知活动可能具有促进作用。[①②]

4 正念有益身心健康的原因

本节前 3 个部分向大家介绍了正念练习于"身、心、智"有益的各个方面，那么读者们可能会问，正念何以有如此神通呢？这一部分，笔者将在梳理正念相关研究资料的基础上，结合自己的思考试图从理论、哲学、心理学、脑神经科学三个层面对这一问题做出回答，希望读者们在这一部分的学习过后，能够更加深刻地领悟正念的本质。

1.理论层面

从 20 世纪 80 年代兴起的现代正念理念和修习方法，源自佛教的"四念处"修行。四念处的"念"意"明记"，即对当下关注，类似当代心理学中的"注意"一词。四念处包括：身、受、心、法，其修行核心要义是"如实观照"四字。其中，"如实"就是按照事物本来的样貌来认识它们，而"观照"

③　Lagopoulos, Jim, et al. "Increased theta and alpha EEG activity during nondirective meditation", *The Journal of Alternative and Complementary Medicine,* Vol.15, No.11 (2009), pp.1187-1192.

②　Travis, Fred, and Jonathan Shear. "Focused attention, open monitoring and automatic self-transcending: categories to organize meditations from Vedic, Buddhist and Chinese traditions", *Consciousness and cognition,* Vol.19, No.4 (2010), pp.1110-1118.

本意"照镜子自观",意喻"明了",也即以安静、专注、放松之心,从事物的各个角度来照见修习的内容,并保证观照之象在心中清澈真实。在"四念处"修行过程中,正念是最为重要的核心要素,并贯穿修行的始终,保证对观照对象当下的稳定觉知。正念显然不同于我们日常状态下的感知觉。

日常生活中,我们的觉知大多不受心的控制,处于半"飘摇"态,感知大多没有得到"如实观照",即没有进入我们的有意识觉知层面,而正念练习要做的就是将感知觉、情绪、思想重新拉回到"如实观照"中,让我们重新对感知恢复深刻而丰富的体验,稳定而持久。而一旦做到拥有高度的"如实观照力",就能够看清内心的尘土,生起深刻而稳固的正念。

2. 哲学层面

根据《物演通论》① 中提出的"递弱代偿"原理:人以及人类社会的演进与精神世界以及物质世界一样,遵循着存在度逐渐降低,而代偿度逐渐增强的总体趋势。人类社会一方面通过代偿性的科技与文明发展及社会结构调整,来阻止存在度的继续走低;另一方面,代偿度的调动本身又会为未来存在度的进一步递减埋下伏笔。《物演通论》一书,用"递弱代偿"四个字,描述了已知世界,从"奇点"开始到基本粒子—化学元素—化合物—有机物—单细胞生物—多细胞生物—低等动物—高等动物—人—精神世界—社会结构的总体演运进程。"递弱代偿"学说深刻地解释了"为什么人类社会的文明化程度越高,生存态势反而越趋危"这样一个看似不合理的事实,而我们的健康状态恶化且未来趋势不良,以及人类生存的系统性危机,几乎都有进化与文明化的影子。它们正是这一规律演动的必然结果,而如何有效缓解这个危机,《物演通论》给出了哲学上的答案:

"适度反动,谨慎代偿",这是大益正念茶修建立的哲学逻辑基础,正念是一种"身心健康哲理"。

---

① 王东岳:《物演通论》,中信出版社 2015 年版。

　　以身体疾病来看，就2型糖尿病为例，它实际上是人类为了追求食物的满足，从果蔬为主食改肉食为主食，最后改成以精致碳水化合物为主食的文明化过程而留下的疾病，因为精制碳水化合物会导致身体胰岛素的大量分泌，长期如此，身体将产生胰岛素抵抗，长期胰岛素抵抗会让身体血糖升高，且内脏脂肪增高，一旦肝脏及胰脏内的脂肪含量过高，胰岛素分泌过程则将严重受损，身体便不能有效利用胰岛素，导致血糖持续升高而无法控制，最后2型糖尿病发作。

　　再以各类心理疾病来看，其根源在于利益输送复杂化的社会结构代偿性调整，以至社会结构的复杂化，导致利益输送结构的复杂化，进而导致人际关系的复杂化，而人类的身心进化速度赶不上社会结构的变化速度，以至于身心失衡，这是心理疾病的哲学根源。而正念正是让身心回归原始的一种体验方式：通过放下由内在产生的负性心绪、偏见或错误的认知加工方式，达到减轻精神压力的效果。

3. 心理学层面

从心理学层面，可就正念训练对各个心理过程的作用进行分类讨论：

①感知觉

正念强调"对当下的感知与心理活动进行非评价地有意识觉知"，从"有意识"这一点来看，正念就是对感知的精细训练，即不断提高感知的精度与深度，因此，在训练后，个体往往发现能够感知到之前经验中从未有过的细腻感觉，比如有研究发现：经过三个月的强化正念训练，视力的敏锐性、准确性显著提高；觉察阈值及视觉辨别阈值显著降低[①]，即辨别细微视觉感受的能力显著提高。

②注意

正念练习同样也是对注意力的深度训练，它不但训练心理活动的指

---

① Jha, Amishi P., Jason Krompinger, and Michael J. Baime. "Mindfulness training modifies subsystems of attention", *Cognitive, Affective, & Behavioral Neuroscience,* Vol.7, No.2 (2007), pp. 109-119.

向——将注意力从过去和未来转向现在和当下，还训练对当下意识的专注持久度——单次正念练习往往持续较长时间，且一旦正念成为一种生活方式和信念，则训练无时无刻不在进行。

③记忆

正念对于记忆的影响主要有以下几个方面：a）正念使个体概括性的记忆减少，这主要是通过"非评价"与"接纳"实现的，我们对过去引起消极情绪的事件减少评价就可能放弃对该事件固有的"概括性"消极看法，并可能最终接受它。b）正念使个体拥有更好的记忆容量，这主要是因为消极情绪在认知活动中会占用比较多的记忆资源，正念训练可使个体的情绪调节能力增强，排解消极情绪，一旦消极情绪比较少，记忆容量就扩大，可识记、保持和提取的信息就可能增多。

④情绪

经正念训练的个体，能显著增加积极情绪体验以及对负性情绪的接纳，并实现情绪调节能力的增强，而个体攻击行为减少，利他行为与主观心理幸福感增强，这是正念的间接益处。

⑤心理幸福感

心理幸福感水平是心理健康的一个重要指征，为什么正念训练可以提升心理幸福感水平呢？除了上述提到的正念通过影响情绪间接提升心理幸福感水平以外，这主要得益于大多数练习者的思维从"行动模式"（Doing Model）到"存在模式"（Being Model）的转化。

所谓"行动模式"，前文已经介绍过，是指不断对现状与目标进行对比，以评价问题解决的程度，并不断通过行动来达成目标的思维模式。这种思维模式的典型代表就是"拟计划，定步骤，做执行"。行动模式用来解决工程问题或人与外部世界的关系问题可谓非常合适，但用于解决心理与情绪问题往往无效甚至有害，因为一旦全面关注现实心理状态（譬如：因为失恋而悲伤）和目标情绪状态（希望尽快走出来）之间的差异（我该做点什么让自己快乐起来）时，这些情绪或想法反而会让我们感觉更加郁闷，更加远离理想的情绪状态，因为很多时候，越是想摆脱，越是摆脱不掉，反而因为过度关注差异，内心滋生出对负面事件的更多评价和更多消极想法。最后负面情绪的雪球越滚越大。

而存在模式则恰好相反，它不强调对现状进行评价，而是有意识地静静关注不快体验，以"非评价"允许其与自己共存，不强求改变的态度应对之，最终反而能实现对消极事件和情绪的"接纳"。这种思维模式的转变，使得人们在面对负性刺激的时候，能从认知上产生质的变化，将自身与负性刺激剥离，斩断对负性刺激的过度想象，尽量以一个旁观者的身份去觉察与认知它，而实现思维模式转变的关键就在于"专注当下"。

4.脑神经科学层面

从脑神经科学层面，可对正念训练在各个心理过程发挥的积极作用进行分类讨论：

①注意

大脑皮层灰质的体积能够较为准确地反映个体的专注力水平。研究发现，正念练习者的灰质体积并不随年龄的增大而过多减少，相比较非正念练习者，他们也往往比同龄人更容易保持专注，这是正念训练能有效提高和维持个体注意力持久性并延缓认知老化速度的神经生理学机制。

②感知、记忆与学习

感知、记忆以及知识的掌握过程中大脑活动存在较多交集，主要集中在海马和颞叶部分，这两个部分与前述三者密切相关。研究发现，经正念训练的个体右海马灰质密度显著大于非正念训练者。[①]另外，个体左颞下回和颞顶联合区的灰质密度也可因正念训练而明显增大，这部分区域也与学习和专注

---

① Hölzel, Britta K., et al. "Mindfulness practice leads to increases in regional brain gray matter density", *Psychiatry research: neuroimaging,* Vol.191, No.1 (2011), pp.36-43.

力有着重要的联系。① 可见，正念训练可以增强个体的学习、记忆能力。

③情绪调节

前额叶和杏仁核等脑组织结构的灰质密度和脑皮层厚度关系到个体是否能有效调节自身情绪，其中，前额叶的灰质密度越高，个体情绪调节能力越强；相反，杏仁核灰质密度越低则情绪调节能力越强。研究发现：正念训练的确能够导致前额叶灰质密度的增加②，而使杏仁核灰质密度减少③，这表明正念训练可能是通过两个脑神经机制的调节提高个体的情绪调节能力。

① Hölzel, Britta K., et al. "Investigation of mindfulness meditation practitioners with voxel-based morphometry", *Social cognitive and affective neuroscience,* Vol.3, No.1 (2008), pp. 55-61.

② Luders, Eileen, et al. "The underlying anatomical correlates of long-term meditation: larger hippocampal and frontal volumes of gray matter", *Neuroimage,* Vol.45, No.3 (2009), pp. 672-678.

③ Hölzel, Britta K., et al. "Differential engagement of anterior cingulate and adjacent medial frontal cortex in adept meditators and non-meditators", *Neuroscience letters,* Vol.421. No.1 (2007), pp. 16-21.

④心理幸福感

在脑研究中，发现一种"额区 α 波的不对称变化"的现象，而产生这种现象的原因是：积极情绪更多地激活了左侧大脑半球，而消极情绪更多激活了右侧大脑半球。正念训练会导致正常个体额区 α 波的不对称变化，且左侧活动显著增强[①]，即正念训练的个体更多积极情绪体验，更少体验消极情绪。我们知道，适当更多的积极情绪，较少消极情绪对于个体远离疾病，保持身心和谐具有至关重要的意义，所以，正念所导致的额区 α 波的不对称性很可能就是保证个体身心健康以及较高主观幸福感的脑神经学原因。

⑤ DMN 理论

DMN 是预设模式网络："Default Model-Network"的缩写，在脑神经科学中，DMN 是一个大型的脑网络连接模式，由相互作用的大脑区域组成，这些区域的活动彼此高度相关。

DMN 理论最初的假设是：当一个人不能专注于外部世界，且大脑处于做白日梦和走神状态，或者焦虑未来以及纠结于过去时，其 DMN 最常处于活跃状态，DMN 的活跃度已被证明与大脑中的其他网络如注意力网络呈负相关，即 DMN 过于活跃的个体，其注意力以及其他认知能力低于不活跃的个体，另有证据表明，阿尔茨海默病、自闭症以及其他精神疾病障碍患者的 DMN 出现了紊乱。

研究表明：长期的正念练习有助于抑制 DMN 的过度激活，使得大脑获得真正的休息，进而提高个体的认知能力特别是记忆、注意的能力，并能减少消极情绪的负面影响以及提升心理幸福感。

综上，我们可以发现，经过长期系统的正念训练，练习者大脑的颞叶、前额叶、前脑岛、海马和扣带回等脑结构皮质层厚度或灰质密度将产生不同程度的变化。这些变化导致相对应的心理特征发生了积极的变化，主要包括：

---

① Davidson, Richard J., et al. "Alterations in brain and immune function produced by mindfulness meditation", *Psychosomatic medicine,* Vol.65, No.4 (2003), pp.564-570.

注意力、基本感知觉、记忆力、情绪调节能力以及心理幸福感水平，这些变化也是正念能促进个体保持身心健康以及个性充分积极发展的重要神经基础。当然，关于正念和脑结构的研究大多数只限于相关研究，而并未对因果关系以及正念与某个脑结构的改变做出较为准确的定位，这是脑研究的普遍不足之处，希望读者了解，不要对脑研究的方法过于迷信。

第三节
正念基础练习

本节将向大家介绍最常见的 5 个正念练习，它们可以说最基础、最重要，也是在长期治疗实践中被反复证明有效的练习方式。

1 练习常识

在介绍 5 个基本练习前，先向初学者介绍一下正念练习的一些练习常识问题。

1）适用人群

一般来说，正念练习没有任何限制，只要是神志清醒，对身心健康有一定要求的人都可以进行正念练习。不仅如此，正念练习因为已经祛除了宗教色彩，因此也一般不会受到佛教以外信仰者的排斥，越南高僧一行禅师在法国梅村创办的"梅村正念禅修中心"（Plum Village）是正念修行机构的杰出代表，在这个有来自世界各地的修行者的禅修中心中，大部分修行者均持有不同的宗教信仰，但大家能够在正念中心摒弃不同，和谐相处，取得很好的练习效果。

一般来说，除非是心智出现严重问题者，比如严重精神分裂症患者，或者低龄幼儿（3 岁以下者），因为无法正常学习正念而不适合练习。

2）练习地点选择

对于初学者来说，最好选择少被打扰的地方，这是因为嘈杂的地方容易分心，而对初学者来说一般抵抗干扰的能力较弱，一旦练习经常被分心的事物打断，很容易让初学者的信心受挫，不利于练习的坚持。但另外，也不要对环境要求过于苛刻，妄图选择"绝对不被打扰"的环境，这是很难的，也没有必要，只要是不至于让自己过多分心的环境即可。

推荐初学者可以在床上或家里沙发上，或者安静的办公室里进行正式的练习。

3）姿势的选择

对于初学者来说，坐姿、盘腿打坐、站姿以及躺姿都是可以的，它们适用于不同的环境，躺姿、盘腿打坐、坐姿适合在家里或者室内进行，站姿适合一切环境，当然也可以因自己的喜好或习惯在不干扰他人的前提下任意选择。

一般来说，比较推荐坐姿给初学者。这是因为：首先，坐姿不需要像打坐一样对身体柔韧性有要求，也不需要过多学习，另外，坐姿对环境要求不太高，不像躺姿和打坐需要床或者垫子，最后，坐姿不易让人疲劳，而站姿一旦过久容易疲劳。

坐姿练习的时候把握好以下几点：

①三点垂线

即坐下后，头、肩膀、髋三点的连线垂直于地面。

②髋高膝低

即髋关节的高度高于膝关节，为的是腿部能够通过踏实地面而帮助髋关节分担一部分的体重，避免腰椎受力过大造成疲劳和损伤。

③脚踏实地

即坐好后，脚是与地面实实接触的，保障坐稳。

④腰直肩松

腰部挺直不僵硬，肩膀自然放松，不耸肩。

⑤四肢微力

双脚自然触地不悬空，但也不用力踩踏地面，双手自然搭放在双腿上，不用力支撑身体。

⑥头不下低

抬头，微微收下颌。

⑦闭眼或半睁

眼睛完全闭上不受视觉干扰，或者半闭以保持清醒。

⑧眼球不下垂

闭眼后，一旦眼球下垂就容易昏昏欲睡，而在闭眼时，让眼球保持平视的视角，或者稍微向上斜视，可以避免睡意袭来。

⑨舌翘顶上颚

舌尖上翘顶住上颚，也是一种让经脉贯通，辅助保持清醒，避免昏沉的方式。

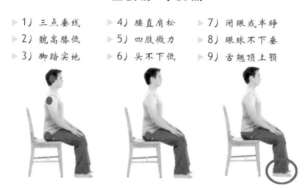

坐姿练习的9个要点

4）时间以及长短

一般来说，早起和睡前是比较推荐的时间，此外，在午后或者工作间隙的休息时间也比较推荐，因为可以更好地帮助我们缓解疲劳，让大脑真正休息。每次练习的时长可因人而异，对于初学者，不宜过短或过长，过短达不到练习效果，而过长会难以坚持。3—10分钟作为初学者的练习时间较为合适，一旦能够适应了，可以根据自己的适应程度适当增加时间。

5）练习起效时间

正念练习需要多久才能对已有的身心问题起效？这真是个无法一概而论的问题，对于不同的练习者，不同的练习方式，不同的身心问题以及程度，起效的时间都不同。建议初学者可以不必对这个问题过于在意，因为过度关注效果本身就会让自己陷入目标导向的"行动思维模式"中，反而不利于自身问题的解决。保持一颗平常心，选择让自己身心感到舒适的练习内容和时长，确保练习的质量。一般来说，8—10周大致可以有较为明显的效果，这也正是卡巴金教授的"正念减压练习"要至少持续8周的原因。

6）如何应对分心

在练习过程中，我们往往会分心，注意力被思绪或外界刺激带走，这个时候不必过于苛责自己，只需要轻轻地将意识带回到当下的觉知上（比如视觉、听觉）即可。过分地责怪自己不专注，运用强烈的意愿将意识拉回当下，本身也违背了正念的"非评价""非用力"之原则。此外，能够对分心产生觉察，本身也是一种觉察，也是正念的。一种比较好的应对分心的态度就是，将进入到意识中的外界刺激或者自己头脑中冒出的思绪像一个路人在自己固定的视野范围内看着公路上的汽车一样：观其来，观其往，不被带走（觉诸想／受起，觉诸想／受住，觉诸想／受灭）。

2 正念呼吸

正念呼吸，又叫"呼吸静观"，是正念练习的最基本、最实用，也是较易

掌握的方法之一。我们时时刻刻都在呼吸，呼吸也是最重要的生理活动之一，它是生命之源，我们与呼吸保持同在就是与当下的生命保持同在。情绪变化大多导致呼吸频率与深度的变化，对呼吸的觉察可以很好地警觉情绪变化。

正念呼吸练习其实很简单，只要把注意力集中在你的呼吸上，注意呼吸的自然节奏和气息流动，以及每次吸气和呼气时的感觉即可。正念呼吸对于心理状态的调节特别有帮助，因为它可以作为一个"心理锚点"，当我们感到压力或即将被消极情绪带走时，可以将注意力转向它。正念呼吸的要领如下：

①舒服地坐下，后背挺直而不僵硬，微抬头，眼睛轻闭。

②觉察自己的呼吸，关注它的深浅、频率，以及气息从进入到呼出的过程。

③关注气息进出鼻孔时温度的变化，何时最热、最凉，何时气流最急促、最平缓。

④如果走神，不要责怪自己，那是意识的常态，在意识发生游离处重新开始即可。

⑤如果有情绪产生，试着呼吸的同时持续感受它，但不做评价。

⑥ 3—10分钟后，深呼吸，活动手指脚趾，伸展身体睁开双眼，呼吸静观结束。

这里，推荐几个锚定注意力的具体方法：

①锚定在鼻孔进出气的温度变化

在较为缓慢地呼吸时，我们会发现：呼气，鼻孔轮廓部位会有温热的感觉；吸气，则会有冷感。因此，在正念呼吸时，可以把注意的锚定点放在两种温度觉中的一种上，或者放在呼吸间温度逐渐变化的过程上。

②锚定在腹部的运动

呼吸时，腹部在做往复的"舒张—收缩"运动，因此我们可以把注意力锚定在腹部的这一运动的过程上，或者单纯锚定在其中的"舒张"或"收缩"的单一过程。

③锚定在气体进出身体的过程

呼吸时，空气从鼻孔或口腔进入，并逐渐到达咽喉、气管、胸腔、腹部，然后"原路返回"呼出体外的过程可以是锚定的对象，保持对全部过程的细致觉察。

④锚定在呼吸转换的瞬间

呼吸时，呼与吸的转换临界点也可以作为锚定的对象，聚焦于这个转换的瞬间即可。

参考本书附录 B 提供的音频，进行正念呼吸练习。

3 正念吃葡萄干

该练习由卡巴金教授首创，一般作为正念学习的"初体验"练习。用 5—10 分钟去细致入微地吃一粒小小的葡萄干，并与平时自动化的进食体验进行对比，来发现专注地觉察带来的新的体验，对自己的自动化动作与自动化思维的发觉提供一个有力的工具，以达到对正念练习的初步直观认识。要领如下：

①在一张桌子面前舒服地坐下，后背挺直，微抬头，双脚脚掌触地，眼睛可轻闭或微睁。

②把一粒葡萄干放在手中，观察它的颜色、形状和光影的变化。

③将它握在手中感受它的重量，观察它的纹理，把玩它，就像从来不认识它一样。

④把它放到鼻子附近，嗅它的香气。

⑤把它放进嘴里，在舌头上停留片刻，用舌头感受它的重量。

⑥慢慢地咀嚼，感受它与牙齿接触的感觉，感觉味蕾上的各种味道，用鼻子嗅因咀嚼而释放出的独特香气，慢慢地吞咽，静静地、慢慢地享受这个简单的进食过程。

⑦感谢葡萄干的牺牲以及和葡萄干有关的所有人。

⑧可再按照上述过程吃几粒。

参考本书附录 B 提供的音频，进行正念吃葡萄干练习。

4 正念听音

听觉是人体的主要感觉器官，是人体收集信息的第二大途径，因此，听觉也可作为正念练习的重要方面，正念听音也成为正念练习中最基本、最实用，也是最易掌握的方法之一。练习中，通过对当下声音的响度、音调、音色及其变化的专注觉察，达到心与听觉同在的目的。

正念听音练习过程中，主要注意如下事项：

①舒服地坐下，后背挺直而不僵硬，微抬头，眼睛轻轻地闭上。

②注意周围的声音，也可用手机下载或录制一些自然音备用，戴上耳机做练习。

③不要判断声音的类型、是否悦耳等，仅仅只是听见而已。

④可以把自己的身体想象成一只大耳朵，或者一个"声音接收雷达"，接收来自环境中的全方位声音。

⑤仔细觉察每个声音的出现、变化以及最终的消失。

⑥如果失去注意，不要苛责自己，把注意带回到当下的听觉即可。

⑦尽可能让自己长时间地保持注意力集中。

可参考听法：a）关注所有的声音，不选择锚定；b）仅仅关注一个声音；c）关注一个声音为锚点，可以被其他声音带走，一旦其他声音消失，再回到锚定点声音上；d）注意力可以被下意识驱使，随意关注任何一个声音；e）听声音之间的间隙。

学员在室外做正念聆听自然音的练习

参考本书附录 B 提供的音频，进行正念听音练习。

5 身体扫描

身体扫描的练习最早由卡巴金教授创立，它通过让我们的感觉逐一与身体的各个细微部分同在而充分体现"身心一体"的正念练习理念。它有助于我们培养"精细觉察身体感受"的能力。该练习在创立初期，其主要功能是用来帮助慢性疼痛病人准确定位身体不适的部位。

身体扫描的练习主要有三个作用：

①更好地觉察情绪

为什么身体扫描可以帮助我们更好地觉察情绪呢？因为情绪反应往往伴随着很多身体感觉的出现：比如惊恐时，身体会发凉，四肢会变僵硬；愤怒时，牙关会咬紧，双手可能握紧；悲伤时鼻子、下颌会发酸；兴奋时，视野会扩大……情绪不易直接被觉察，因为它们并不直观，读者朋友们可以试着用语言去描述轻蔑、嫉妒、压抑，看看是否容易？而情绪相伴随的身体感觉却是相对容易被觉察的，因此，通过觉察特定情绪所伴随的感觉，我们可以间接地监控情绪，避免自己被情绪裹挟，做出不理智的行为。

有一位严重的"路怒症"患者，因驾车时与他人发生矛盾大打出手而多次被警方拘留。为了解决这个问题，他被推荐尝试在愤怒时进行身体扫描的练习。经过不长时间的训练，他清晰地发现：一旦"路怒症"发作，或者愤怒的情绪涌上心头时，他的一个标志性身体反应就是会连续多次"咬右侧的后槽牙"。从这以后，只要发现自己下意识地出现这个动作，发现臼齿面紧贴，或者右侧咬合肌发紧，他就能很快觉察出自己的"路怒"情绪。因为察觉到了，并及时进行监控，使得他在生活中的过激行为显著减少。

②更好地体察身体

当我们的身体出现问题时，就会释放感觉信号，提醒我们去关注它，但往往由于我们过于专注工作或学习中的目标，而忽略了身体的各种不适反应，甚至因为长期忽略这些感觉，害自己变得"麻木不仁"，直到身体出现严重的问题，但却为时过晚。

一些癌症病人大多在确诊后才发觉身体上的各种痛楚，面对确诊的结果，都表达了对之前身体反应的忽视之悔恨。甚至在确诊住院后才发现，不光是身体的反应，生活里的点滴也被他们严重忽视，以至于错过了自己生命过程中的太多美好，这也大多是拜专注于目的达成的行动思维所赐。

身体扫描就是对身体各个部分的感觉聚焦，不但有助于我们发现异样的感觉，也有利于对身体觉察力的提升。

③为解决心理或行为问题提供了另一条更为有效的方法

前面介绍了行动思维模式和存在思维模式的区别，我们在日常生活中，往往偏执于用行动思维解决一切问题，以至于对自身心理问题也固执地进行"行动解决"，这往往让我们陷入过度思考，甚至过度虚妄中不能自拔，而身体扫描是一种典型的存在思维模式，它通过让我们将注意力聚焦于身体的感觉，让我们对情绪或念头进行接纳，并保持同在而获得问题解决。身体扫描练习中，由于练习者保持着中立态度，一方面能够继续与情绪体验保持某种连接，另一方面又防止因过于卷入而带来的负面影响。因而更有助于放松和平静心态。

参考本书附录 B 提供的音频，进行正念听音练习。

6 将正念融入生活中

除了上述 5 种正念练习，我们还可以将正念的态度、方式融入到日常生活中，在每一件事，每一个活动中，践行正念，实现"正念的生活"或"通勤正念"。

我们可以在以下活动中随时进行正念练习：

洗脸、刷牙、洗碗、拖地、洗澡、进食、排队……上述活动中，每一项都做到念念分明，有觉察地进行，随时随地实现正念练习。

我们也可以对头脑中出现的每一个想法、每一个情绪进行正念地觉察，将它们都只是看作"想法"或者"情绪"本身，不被它们牵走，不被裹挟，始终掌控行动的主动权，以便找到情绪和念头产生的原因，从而更好地解决问题。

第 三 章

大益正念茶修概论

正在做茶修练习的大益茶道师

通过本章学习，您将了解到：

1. 什么是"大益正念茶修"。

2. 大益正念茶修进行身心保健的独特优势。

3. 大益正念茶修的课程体系。

第一节
什么是茶修

在本书的第一章，我们了解了人类面临着心理与精神健康问题频出的威胁，且现状不乐观，那么这一客观现实背后的原因是什么呢？我们可以用怎样的方法去解决？本章将对这两个问题进行回答。

每天，我们都会从工作与生活中产生大量的垃圾，如果这些脏东西不被及时清除，我们的房间、办公室将被熏得臭烘烘，任何人在堆满垃圾的环境下生活都无法自保健康，这导致我们与周围人的身心健康都将受到损害。不仅如此，一旦有人得病，甚至还能相互传染。

那我们的内心呢？每天同样也会累积下大量的"心理垃圾"——过多的消极情绪。心理垃圾虽然看不见摸不着，却如腐败的食物，破碎的玻璃碴子等生活垃圾一样，威胁着我们的健康。新冠肺炎期间，我们受到对自己和家人可能患病的恐慌、居家隔离时的无聊感、对未来悲观并丧失信心等问题的困扰；而在日常生活中，因为孩子考试不及格、因琐事不和与爱人冷战、被领导无端批评、被商业伙伴欺骗、手上的股票价格大跌等都容易给我们留下愤怒、沮丧、焦虑、抑郁、恐惧等消极情绪体验，甚至过度开心、愉悦也是对心理与精神有害的，正所谓乐极生悲。人生中，我们很难逃开这些心理垃圾的纠缠，也正是这些消极情绪的累积加之不当处理，导致了心理与精神问题的产生。

不仅如此，心理垃圾与生活垃圾一样，一旦得不到恰当处理，不但危害他人，而且危害社会。

1997 年，法国南部一所中学的几名男生宣称他们染上某种"神秘病毒"，其症状是患者手臂上出现红色条纹状瘢痕，随后的一周，该校多名学生被该病毒"感染"，他们手臂上同样出现红条瘢痕，这引起了当地人的集体恐慌。当地疾病控制部门随即展开调查。然而诧异的是，在患者身上始终未发现任何致病菌和病毒！在疾病暴发的第 15 天，最早出现症状的几名男生承认了这是一场恶作剧，他们手臂上的红色瘢痕其实是拿细线勒出来的。事情虽然真相大白，但令所有人百思不得其解的是，为什么没有参与恶作剧的学生也会出现症状呢？其实，这是一场由心理恐慌在人群间传染而导致集体癔症的典型案例，"红斑病"的扩散实质是心理恐惧感的情绪传染与扩散传播。这一现象，在 2003 年非典型肺炎以及 2020 年的新冠肺炎期间也出现过。

既然心理与精神疾病的根源在于对消极情绪的处理失当，那么，我们是否能拿出有效的方法来帮助人们处理得当呢？这一章将向读者朋友们介绍一套简单、易行、兼具预防与治疗功能的自我修行方法，当然，也可以将它看作一种心理与精神健康自我疗愈、自我预防的方法——"大益正念茶修"。它是以"大益基础茶式"为基础，融合了"大益八式"的核心价值理念，并与时下极为流行且有效的一种心灵修习方式——"正念"相结合而提出的。大益正念茶修从心理与精神问题产生的根源——价值观层面，系统而整体地自然纠正主观的过度偏颇，从而具有良好的心理与精神保健效果，而这正是功能医学所倡导的两个基本治疗方法论："预防第一"与"简单有效"的出发点。

接下来，我们谈谈什么是茶修：

广义的茶修可以是与茶的物质与精神属性有关的一切活动，比如品茶、诵读茶诗等，但仅有学习和活动，并不构成茶修，因为茶修是有目的和指向性的，即对精神世界的正面影响。

我们认为：所谓茶修，简单来说就是以茶事活动为载体，进行自我身心修复的一种日常练习方式。茶事活动是包括两类活动的总和：

1 习茶

一类是系统地知识学习，比如茶叶知识、茶具知识、冲泡技艺、茶汤品鉴、茶文化学习等，这是成为一名合格的茶人的基本要求，更是成为一名正念茶道师的基本要求。

2 事茶

另一类则是在茶会或独自习茶中进行的实践活动。

在学习与实践的过程中，我们通过回甘体验，茶事审美最终期望达到生命体悟的精神境界，我们的感知能力，心理健康水平以及心智模式都得到了相应的提升，这是茶修活动的目标指向。

茶修活动广泛地存在于古往今来的现实生活中，制茶、日常饮茶、茶百戏、茶文学等都是与茶有关的活动，均可作为茶修的方式。在这里，日本茶道独树一帜。它是在"日常茶饭事"的基础上发展起来的，将日常生活与宗教、哲学、伦理和美学联系起来，成为一门综合性的文化艺术活动。它不仅仅是物质享受，还通过茶会和学习茶礼来达到陶冶性情、培养人的审美和道德观念的目的。正如桑田忠亲所说："茶道已从单纯的趣味、娱乐，前进为表现日本人日常生活文化的规范和理想。"

丰富多样的茶修活动，从上到下，从左至右依次为：茶点、俄沙皇品饮下午茶器具、宋代斗茶、茶席布置、禅意茶汤、阅读茶文化书籍

此外，值得一提的是，以中国传统茶文化为母体的大益茶道，明确提出了茶道的定义，并以哲学、美学以及心理学为研究视角，提出了一套完整的集茶事义理、修行方式、茶道宗旨为一体的理论体系。在大益茶道体系中，"大益八式"在其中扮演着重要的角色，它是一套科学而优美的茶叶冲泡方法，又是一套由外在观照内心，自省自悟的茶道研修方法。它包括洗尘、坦呈、苏醒、法度、养成、身受、分享和放下八个内在关联且一气呵成的动作组合，为大益茶人所独创。

第二节

创立大益正念茶修的初衷

1 中国茶对世界的第一次贡献

茶叶的故乡在中国，在长达数千年的历史中，这片小小的叶子，化作一杯有益健康的饮料，并经受住了时间的考验。种植茶树，生产茶叶，饮茶蔚然成风，茶香飘遍世界，这是中国茶对世界文明的第一次贡献。

2 中国茶对世界的第二次贡献

唐朝时，茶圣陆羽改茶之"混饮"为"清饮"，开启了"以茶为美""以

茶载道"的茶道文化之风，并延续近千年。世界上的其他国家也以茶道文化为窥视中华文化的窗口，并借鉴以融入自身，创造了诸如"英式下午茶""日本茶道"等异域茶文化，东西方借这杯回味无穷的茶汤而实现文化交融，是为中国茶作为文化对世界文明的又一次重大贡献。

3 中国茶对世界的第三次贡献

时至今日，人类在西方进步论背景之下，实现了科学与技术的飞速发展，让我们感到生活水平提高的同时，也使得生存的环境日趋恶劣，特别是身心健康不断被科技和社会发展的戕害效应所吞噬，在当下，这一效应有愈演愈烈之势。有鉴于西方"爱智文化"与东方"重德文化"在用智方式上的互补，也许我们需要再次回到东方文化中去寻找思路和切实的解决方案，希冀为未来人类身心健康的维护，特别是心理与精神健康的维护提供帮助，这正是我们"大益正念茶修"创立的初衷。

当下，人类可通过正念去品饮一杯茶获得精神上的维护

第三节
什么是大益正念茶修

1 大益正念茶修的基本概念

大益正念茶修（TaeTea Mindfulness Program，TTMP）是以正念以及
"大益八式"的理论与实践为基础，为茶品饮者乃至普通人提供的一套有效而
便捷的心灵修习方式，通过系统掌握大益正念茶修的知识，并经过不断的练
习，练习者可以帮助自己或他人更好地驾驭情绪体验，达到身心的平衡，进
而获得身体、心理或精神的健康乃至心智模式的提升。

此外，大益正念茶修可以作为一门技能，帮助茶人：关爱自己，服务于
茶客、家人及朋友，并在以下方面获得益处：

①让大脑得到真正的休息。

②缓解一些身体症状，譬如慢性疼痛、失眠等。

③缓解一些精神症状，譬如焦虑、抑郁、成瘾等。

④提升或改善认知能力，譬如感知力、注意力、记忆力以及创造性思维等。

⑤获得持久的心理幸福感。

此外，大益正念茶修课程还有以下多方面的功能和意义：

①它是以正念为内核的独特茶修方式。

②它是大益职业茶道师必备的重要技能。

③它为茶品饮者提供了一套便捷有效的心理锻炼方法。

④它以茶修为基础的练习方式，通过不断的练习，提高情绪控制能力，
达到身心平衡。

⑤它是大益职业茶道师进阶必由之路。

2　大益正念茶修的三大课程

大益正念茶修包含三大课程，即"普通课程"（General 课程，简称"G课程"）、"大师课程"（Master 课程，简称"M 课程"）以及"专门课程"（Specialized 课程，简称"S 课程"），分别包含以下内容与模块。

1）普通课程——G 课程

G 课程适用于对冲泡与品饮茶或者对正念所知甚少者。此课程中，他们能通过最基础的冲泡与品饮方式实现正念茶修的过程，并获得心理与精神保健的效果，该版本课程包括 4 个模块（G1—G4），每个模块的课程要点用①—⑨的标号标出：

G1：茶事基础知识

①认识茶具；②冲泡茶汤；③品饮初步。

G2：正念基础知识

①全球精神健康现状；②中国精神健康现状；③精神疾病的危害；④精神健康观；⑤茶与茶事活动可作为身心保健的方式；⑥大益正念茶修简介；⑦大益正念茶修作为一种身心保健方式的独特优势；⑧正念治疗的身心效果与机制。

G3：正念基础练习

①正念常识；②正念呼吸；③正念吃葡萄干；④正念听音；⑤身体扫描。

G4：六大茶修练习

①友善的茶；②茶叶静观；③自饮练习；④对饮练习；⑤茶的联结；⑥茶山冥想。

2）大师课程——M课程

M课程是对上述G课程的升级，适用于通过G课程考核的学习者，通过此课程的学习与实践，练习者能获得较之"普通课程"更好的心理与精神保健的效果，并得到心智模式的提升，该课程包括 3 个模块（M1—M3），每个模块的课程要点用①—⑨的标号标出：

M1："大益八式"与正念练习

①"大益八式"的创立思路；②"大益八式"内涵。

③正念八原则介绍；④"大益八式"内涵与正念八原则对比。

M2：大益正念茶修诊疗（针对具体身心症状以获得缓解的练习）

①14 项专项练习；②常见身心症状与成因。

③常见心理健康量表的使用；④针对常见身心症状的练习。

M3：大益正念茶修"八式八周"练习（针对八式各式的更为详尽的课程）

①洗尘；②坦呈；③苏醒；④法度；⑤养成；⑥身受；⑦分享；⑧放下。

3）专门课程——S 课程

S 课程又可以称为"正念茶修 + 课程"，主要是基于正念以及正念茶修的基本原理而开发出的针对具体问题的"解决方案课程"，为有特定身心问题的人群提供专门化的服务，目前已开发与正在开发的 S 课程包括：

S1："正念茶修领导力"课程（开发中）

S2："正念茶修亲子关系（家庭教育）"课程

S3："正念茶修夫妻关系"课程

S4："正念茶修缓解产后抑郁"课程（开发中）

S5："正念茶修儿童动机矫正"课程（开发中）

S6："正念茶修青少年电子产品成瘾矫正"课程（开发中）

3 大益正念茶修的独有优点

之所以提出大益正念茶修这一概念，并在此基础上开发出理论与实践课

程，就在于我们在梳理已有的"正念有益身心健康"的科研文献，并经过较长时期的大益正念茶修实践活动后，坚信通过长时间科学与系统性的练习，可以给绝大多数人带来良好的身心健康效果。因此，将这些前期工作中积累的成果以课程形式系统地向读者们呈现出来。此外，大益正念茶修作为一种心理与健康的保健方式具有以下独特优势：

1. 大益正念茶修能够给予喝茶人一份额外的身心保健礼物

大益正念茶修是泡茶、喝茶、茶会与心理保健的完美结合。有饮茶习惯的朋友，不妨在品饮的同时尝试进行大益正念茶修练习，不论是正念地去冲泡一杯茶，还是专注地、细细觉察每一口茶汤的色、香、味，都可以在获得茶汤中有益物质的同时，于心理上得到极大的放松与抚慰，并有效地提升专注力、感知敏锐力等，真可谓一举数得。

2. 大益正念茶修作为心理保健方式易融于日常中

喝茶是生活日常，掌握了大益正念茶修的理念与练习方法，就可以在喝茶的同时进行心理与精神卫生的建设，避免消极情绪的积累，在预防的层面扎实做好保健工作，这是最可靠，最有效的方式——"许革亚方式"。此外，即使有时实在忙碌，大益正念茶修也提供了一些其他的练习方式，通过这些方式，我们可以在走路、洗澡、进食、睡前、乘坐交通工具，甚至如厕时进行心理保健活动。可以说，大益正念茶修能在任何时间和地点展开，只要我们需要！它可以成为每一个人最为便捷的一种身心保健方式，其具体方法将在后文介绍。

3. 大益正念茶修集合了众多心理保健哲学的优点

大益正念茶修集合了茶饮、基础茶式、"大益八式"茶道理念、中华传统身心保健观、正念的核心原则以及各类练习精要，在此基础上对其进行整合提炼而来，这些要素中，最为核心的是"大益八式"茶道理念：

首先，"大益八式"是所有以上要素的交集。

"大益八式"本身既是一种对人生的哲学感悟，又是一种可将其核心理念外化为基础茶式的冲泡与品饮的练习活动。

其次，"大益八式"无论从其内涵的核心理念，还是外延的基础茶式，都渗透着东方传统的身心保健观，因为第一章中已经提及，这里不再赘述。

总之，作为茶饮、基础茶式、"大益八式"茶道理念、中华传统身心保健观、正念的核心原则以及各类练习精要的集成者，大益正念茶修集上述独特优点于一身。

4.大益正念茶修保护隐私，安全稳妥，更适合东方人

大益正念茶修是一种独自练习的身心保健方式，重在对自身觉知的关注以及与自己内心的深度交流，不需要将隐私透露给他人，因此不会给练习者带来不必要的精神负担，同时也节省了治疗时间；且东方人大多含蓄内敛甚

至不善表达，因此，给自己正念地冲泡一杯茶，品一杯茶，在静静的过程中实现心理问题的解决与健康的自保，这实在是一种温和、安全而稳妥的理想方法。当然，我们并不鼓励出现心理问题时不去就医，如自觉心理问题严重或感到迷惑，还是需去正规医疗机构就诊。

5. 大益正念茶修继承了正念心理治疗的传统优点

首先，正念是一种综合身、心两方的修行方法，安全、可靠、易行，且这三点也为大量研究所证明。其次，在练习过程中，允许消极情绪的出现，而不是盲目用力抵制或被其压垮，所以练习过程也不会让人心力憔悴。通过专注当下寻求与消极情绪同在，而后消极情绪自动减轻或消失，因此可谓应对自如，无为而治，且疗效持久。

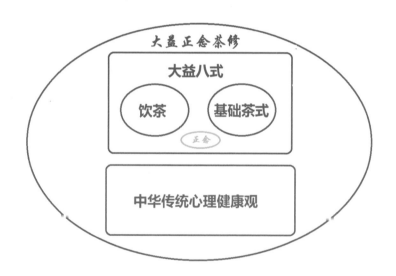

大益正念茶修的理论基础

下　篇
实际操作与效果

第 四 章

大益正念茶修实修

大益茶道师正在做正念自饮练习

本·章·要·点

通过本章学习，您将了解到：

1. 大益正念茶修的态度、技能与方法。

2. 大益正念茶修的三重境界。

3. 大益正念茶修之"二八三"计划。

4. 大益正念茶修的六大练习介绍与实修。

第一节
大益正念茶修实修概要

为什么练习非常重要？

本书前三章从正念、茶修、心理学、认知神经科学等理论充分论证了正念茶修的身心疗愈效果，向大家介绍了正念的概念、正念练习的方式和效果、茶修的概念，正念为何要与茶修相结合以及大益正念茶修为何有益身心健康等。但理论懂得再多，不做练习，不能正确地练习，不能长期坚持正确的正念茶修练习，就无法达到"身心大益"的效果。

首先，大益正念茶修是关于个人体悟的课程，他人的练习心得、感悟一般很难通过语言和文字直接变成自己的，就好像看见别人喝了再多的茶，讲了再多的制茶知识、茶叶生化科学知识，如果不去喝，是永远不可能知道茶味的。

其次，大益正念茶修需要长时间地坚持才能看到较好的效果。俗话说"冰冻三尺非一日之寒"，我们的身心健康、思维模式的建立也同样如此，甚至比"冰冻三尺"的难度还要大很多，大益正念茶修不是"点石成金术"，做不到对身心健康的一蹴而就，没有持之以恒的坚持，仅靠漫不经心的、三天打鱼两天晒网的练习，很难达到理想的效果。"正念练习需要刻意地去做"，更需要对自己提出时间上的严格要求，练习中过度放任自己的惰性是不会有任何好处的，相反，将正念练习变成自己的生活习惯，并变成自己的人生态度，告别自动导航思维，以及被情绪所裹挟的生存状态，则一定大有裨益。

再次，只有不断地实践，才能够有所领悟，从而有效地帮助别人。正念茶修练习中，有很多个人化的部分，需要练习者亲自尝试和探索，找到最适

合自己的练习方式。比如，呼吸练习时如何选择锚点，每个人都有不一样的方式，究竟哪个适合自己，必须亲自去逐一尝试。又比如正念饮茶时，大家在动作的节奏与速率上往往大相径庭，此时只有符合自己的节奏与速率才可能达到预期的练习效果，而这些需要反复练习摸索、打磨，甚至亲自去写作引导语，才可能找到。同样的道理，如果自己都没有亲身仔细去练习和体验，又怎么可能在实践操作的细节上去指导或帮助别人呢？

最后，理论是灰色的，只有生命之树常青。理论学习，只是为了帮助我们从理性上去认识正念茶修，知道如何去做，相信其身心健康的效果，但仅有理论是不够的，因为理论大多是在大样本研究的基础上得出的"平均人式样的统计学"结论（即对很多个样本数据求平均值，用这个平均值代表这一些人的水平），而我们每个人都是鲜活而独一无二的，我们对练习的体验更是唯此一份。因此，相比较理论学习，我们从练习中得到的种种生命体悟反而更加可贵，因为它们只属于你，别人无法替代你自己去做练习，别人的经验更替代不了你的经验。

1 基本态度

大益正念茶修练习需要我们有一个端正的态度，这是获得练习效果的一个基本前提，为此，我们倡导练习者保持如下态度：

1. 全然相信，全然抵达

对正念茶修的练习内容，我们无须喜欢，甚至不推荐大家以过度情绪卷入（无论是积极还是消极情绪）的茶修方式去做练习，只要刻意地去保持练习，养成习惯就好了。

2. 人在心在，念念分明

在练习过程的每一个环节都尽量对自己的动作、思绪保持念念分明，对自己的习惯动作、自动思维尽量保持觉察，尤其是对自己产生的评价保持警觉。练习过程中的胡思乱想往往是烦恼的源头。

3. 每日记录，每日练习

为了更好地保持有意识地觉察状态，最好对自己的任何体会、感受，练习完成情况，出现的疑惑、思考和建议进行文字或录音记录。"好记性不如烂笔头"，这样的习惯有助于对自我的约束和提升，也会为练习者积累丰富又鲜活的体验，以供日后温故知新，从而帮助提高元认知能力（对认知的监控与调节），更多地获得生命体悟，并培养善意和慈爱之心。

修习记录可以但不限于以下内容：

①记录每天正式练习的完成情况；

②记录进行正式练习时的专注情况；

③记录每天进行的茶事活动情况；

④记录有意识觉察到的、不正念的状态；

⑤记录每天让自己升起感恩之心的人或事；

⑥记录至少一件当天遇到的愉悦和不愉悦事件；

⑦记录当天在沟通中出现的困难事件；

⑧记录你想记录的、练习中出现的任何感受和对练习的完善建议；

⑨记录你在正念之路上的成长经历。

4. 探索自我，同修共进

练习过程就是不断地探索自己身心的过程，体现在有意识地觉察身体各部分的细微感受，识别自己的自动思维及其模式等过程中，这能让练习者更加全面、客观、理性而又富有慈悲地认识自己、关爱自己。除此以外，在和更多大益正念茶修的同修们一起学习的过程中，可以相互分享练习心得，相互监督鼓劲，将有利于形成对大益正念茶修的群体认同感，而在群体认同感之下形成的同心合力之"心理场"能够实现团体练习优势的充分发挥，从而提高和巩固团体中每一个体的练习效果。

② 基本方法

大益正念茶修练习的基本方法有如下四项：

1. 正念先导，茶修映照

首先，大益正念茶修是以正念的理念为核心，即"有意识或专注于当下的觉察，非评价"。因此，一切茶修活动中，都应秉持这一原则。脱离这一原则，就只是茶修，而不是大益正念茶修。其次，大益正念茶修以茶事活动为练习方式，或言以茶事活动为其载体来进行，通过茶事活动得到正念的训练以获得身心健康的效果。当然，大益正念茶修并不排斥其他的正念练习方式，并且接纳一切有益身心健康的任何正念练习方式，为此，大益正念茶修课程会始终保持包容的态度，不断吸收新的知识内容和实践方法。

2. 互参互鉴，不偏不废

大益正念茶修练习中，做到正念与茶修并重，不过度偏废二者中的任何一个，运用正念指导茶修，通过茶修践行正念。

3. 融入工作、学习，融入生活

大益正念茶修倡导和鼓励练习者将正念的理念融入练习者的生活与工作、学习中，在日常的每一件事上做到念念分明，有意识地觉察，对评价做到警觉。同时，我们也倡导在一切茶事活动中，练习者们能奉行正念的原则，做到：正念自修，正念待客。

4. 稳扎稳打，循序渐进

大益正念茶修是一个漫长的修行过程，需要我们耐心、细致、周到以及

持久地去施行，在练习的各个阶段，我们不可操之过急，对练习效果过度关注，以至于时刻对自己的身心状态进行过多评价，这样做本身就是有悖于正念的基本原则的。只要我们树立对效果的正确态度，按照步骤科学合理地制订自己的练习计划，就一定可以有所收获，有所成长，身心大益。

3 基本技能

大益正念茶修涉及正念以及茶事活动的一些具体操作，因此，它需要我们掌握一些基本技能，这些技能包括以下四个：

1. 知茶识茶

对茶叶、茶性、制茶等知识基本了解，掌握七大茶类的基础知识，对七大茶类中较为著名的品类能够正确识别。

想知道茶汤的味道，唯有亲口尝一尝；想知道什么是大益正念茶修，唯有亲自练一练

2. 能品会泡

能够根据茶叶的类别以及特性进行合理的冲泡，并能对茶叶的外观以及汤色、香气、滋味、叶底进行专业的审评，具有较好的茶叶品鉴能力。

3. 择器布席

茶器的选择以及茶席的布置合规，且具有一定美感。

4. 共享茶美

能够胜任席主的角色，为宾客们奉茶，并与之共同鉴赏茶事活动之美。

第二节

大益正念茶修之"三重境界"

大益正念茶修练习中，随着练习者的坚持以及不断进步，大致可以经历如下三重境界：

1 有我境界

静心内观。当面对内、外两个世界时，能够了知自己的本心。借助"大益八式"、正念自饮、茶汤通体等练习，以全然开放的、无所求的心态去接纳出现的一切，不勉强也不排斥，与所有的情绪和想法同在。

2 无我境界

专注觉察。去了知事物本来的面貌，不加入自我的、主观的评判，通过呼吸觉察、食物静观、正念听音、身体扫描等练习，可以达到比较深入、客观地了解觉察对象，如实观照。

3 真我境界

慈悲接纳。以感恩、慷慨、友善、慈爱的心面对所有的一切，传递善意和祝福，通过友善的茶、正念对饮、茶山冥想、茶的联结等练习，回复快乐、宁静的生命状态，真我自性、万物生长。

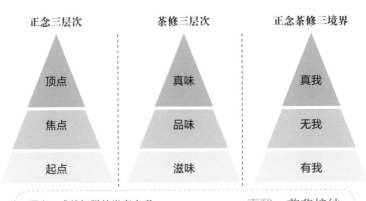

正念三层次	茶修三层次	正念茶修三境界
顶点	真味	真我
焦点	品味	无我
起点	滋味	有我

顶点：成就解脱的崇高表现

焦点：形塑心的绝好工具

起点：用于了解心智的可靠钥匙

——乔·卡巴金《关于 MBSR 的起源，善
巧方便与地图问题的一些思考》

真我：慈悲接纳

无我：专注觉察

有我：静心内观

——吴远之

关于大益正念茶修的"三个三"

第三节

大益正念茶修的基本理念

大益正念茶修提出了维护心理健康的"283"计划，以下是对该计划的具体阐释。

1 两个基本的融通

"283"计划中的"2"，指的是大益正念茶修以正念的理念为基本原则，以茶修活动为实践的载体，实现二者互参互鉴，不偏不废以及相互融通，从而形成一套完整有机的课程体系。

2 实修的"八·八"对应

"283"计划中的"8"指的是大益"八"式的茶道理念与正念的"八"大核心原则间拥有着极大的共通。卡巴金教授在介绍什么是正念的时候，也列举了它的八大核心原则，我们发现二者之间存在着对应：

①正念原则之一，非评价：摆脱好恶的牵制与左右，专注自身分分秒秒的体验。

"大益八式"之一，洗尘：净手净心、不留尘垢，放下劳烦、放下成见。

②正念原则之二，信任：信任自己与自身感觉，不依赖外在的指导或被其左右。

"大益八式"之二，坦呈：坦然相对、以诚相待，不拒绝、不保留。

③正念原则之三，初心：保持一切如初见的好奇与开放，不被惯性所牵绊、不自以为是。

"大益八式"之三，苏醒：醍醐灌顶，对感悟和启迪保持警觉，不迷惑、不偏执。

④正念原则之四，非用力：不勉力、不强迫，不去操纵、控制和强行改变。

"大益八式"之四，法度：因法度量、取舍得当，不增不减，中正平和。

⑤正念原则之五，耐心：允许人、事、物有自身的发展速度，了解并接受。

"大益八式"之五，养成：忍蒸炒酵、受挤压揉，遇水得度、静候其成。

⑥正念原则之六，接纳：承认并允许一切如其所是地存在，看到事物当下的样貌。

"大益八式"之六，身受：所有存在、皆有其因，个中滋味、安然领受。

⑦正念原则之七，慷慨/感恩：慈爱、给予、联结，经历过才知本真的可贵。

"大益八式"之七，分享：益己利人、茶者仁心，与他人联结、与他人同在。

⑧正念原则之八，放下：放下体验中对某些经验的控制欲、尊重客观生命周期。

"大益八式"之八，放下：当下放下、当下自在，空杯以待、茶有大千。

3　三位一体的实证

"283"计划中的"3"指的是正念的三个要素：①有意识地觉察；②专注当下；③非评价的态度。

以及茶修课程的三个次第：①Ｇ课程；②Ｍ课程；③Ｓ课程。

对正念的概念及Ｇ、Ｍ、Ｓ课程已在前面几章做过详细介绍，这里不再赘述。

第四节

大益正念茶修之"六大练习"

这一节将向大家介绍大益正念茶修特有的六大练习，它们都是以茶修为实践载体的练习方式，为大益所独创，包括："友善的茶"、"茶叶静观"、"自饮练习"、"对饮练习"、"茶的联结"以及"茶山冥想"。

1 友善的茶

友善的茶练习

友善是一种典型的积极情绪。积极情绪（比如：愉悦、快乐、友善、同情）是积极心理学的重要研究内容。它具有两大核心功能：

①瞬时拓展功能

可以拓展个体即时的思维与行动范畴。处于积极情绪中的个体，更能够扩大自己的认知范围，这有利于个体更加全面与系统地认知外部世界。比如游戏往往能激发儿童的愉悦情绪，在游戏中学知识，效果较好，而在儿童情绪低落时，注意力范围会收窄，不利于儿童对环境的全面观察。

②长期建构功能

在积极情绪体验下，有利于个体在所处的社会环境中与他人建构长久的身体、认知与社会关系，有利于自身社会化发展，譬如快乐的孩子或与他人

总能愉快相处的孩子往往能够获得更多的社会资源以及更快的社会性成长。通过两大功能，积极情绪促使个体产生螺旋式上升并增进个体幸福。

"友善的茶"是大益独创的正念茶修练习。心性的养成，是一个漫长而又平凡的过程，借由一杯温暖美好的茶，茶人可以感受对自己的关爱，也可以把这份关爱和善意单纯地、快乐地传递给亲人、朋友或是任何一位相识甚至陌生的人。

茶为善叶，一杯茶里，蕴藏着一个友善、美好的世界。

练习提示：

①在这个培养积极情绪的训练中，练习的姿势尤为重要。

②请保持一个舒适、稳定、能够给自己安全感、温暖感和放松感的坐姿。

③在练习中，会引导你去进行自我关爱的觉察，当你处在一个良好、友善的状态下时，更容易生起对他人的友善。如果你的身体令你很不舒服，你可能会升起对不适的对抗。

茶叶静观练习

④在这个练习中，送出祝福语的时候，也采用了两种方式：

第一遍祝福语，跟随老师大声念出来。

第二遍祝福语，跟随老师在心里默念。

这种方式，是根据我们在教学中、学员的不同反应而采纳的，从中分别可以体验到共修的能量场，以及自我默念带来的内心愿力的增强，有大益茶修经验的同修，在这个练习中，可能更容易进入对一杯友善的茶的冥想中，在"大益八式"中的分享环节，即有与他人分享的慷慨；在大益日常的公益奉茶活动中，也普遍采用借由一杯茶，给他人送去健康、方便的利他行为。

⑤任何一个心性的修养都需要时间，友善的培养也一样。

⑥选择适合自己的友善短语，最好选择有意义的、单纯的短语，选择有力量的、明确的句子，比如：愿我平安、健康，而不是为了眼前的利益或是短时间的目标，比如：愿我尽快完成这个课程、愿我发财、愿我升职，等等。选择可以利益他人的句子需有内涵，否则容易生起贪念和执念。

⑦选择适合的友善散发对象，练习初期尽量选那些中性的对象，而不是爱憎很强烈的对象。

⑧祝福的方式是从自己开始，像水波纹一样，一圈圈向外。

⑨记一本感恩日记，发现生活中的善意和美好，比如记录每天让我生起积极情绪的人或事。

茶道师独有的友善修炼方式可以是泡茶的时候在心里边邀请一位有一定好感的人，一起冲泡、一起分享，也可以是喝茶的时候对自己的友善，还可以借由一杯茶汤，在心里祝福对方、送去善意，这样的修炼，实质上是在培养自己的慈悲心。

参考本书附录 B 提供的音频，进行友善的茶练习。

2 茶叶静观

茶叶静观练习

茶叶静观是大益独创的正念茶修练习。既是正念"吃葡萄干"经典练习的扩展，又能够培养茶道师对茶这片叶子的认知和情感。正念练习中，可以通过静坐观察来安抚我们躁动不安的内心。通过观感训练来提升我们的观察力，专注力，各感官的协作能力；降低感觉（视觉、听觉、嗅觉、味觉、触觉）的阈限的水平。而茶叶静观则是茶叶的心理印象及物理印象的统一。

通过茶叶静观，可以帮助我们打开所有的感官，带着全然的好奇和我们当下正在观察的茶叶同在，可以发现在生活中有太多被自己忽略的东西，发现生活的变化可以从一片小小的茶叶开始，培养我们对这个世界的好奇心，发现一切是如此丰富而有变化，也可以发现自己当下对它的喜欢和不喜欢，可以更为真实地面对自己、更为真实地存在。

在这个练习中，茶叶既是觉察的对象，又是正念心智的修炼工具；对有大益茶修经验的人来说，这个练习无疑是一种认知茶叶真实情况的方法性学习。通过如实观照，可以对茶叶的颜色、形状、紧结度、香气、滋味、回味等进行基于个体体验的真实标注，不被他人的评判所左右，基于个体五感认知的结论，有助于茶道师个人品鉴技能的提升。

练习提示：

茶叶静观练习中，最重要的是避免掉入由习惯而来的自动思维、自动评价且没有觉察的陷阱。

①这真无聊；

②我做不来（我不可能当作第一次看到这茶叶）；

③这根本没有用（我一眼就能看出它的好坏）；

④这茶叶是某某山头、某某等级……

我们搁置评价，不追随这些想法、不对这些想法作出惯性反应，只单纯地关注当下体验到的一切、全心全意地觉察。

在练习过程中，我们可以从眼、耳、鼻、舌、身、意六个方面去全面感受一片茶叶带给我们的全部感受。

①眼：形色，仔细看茶叶的形状及颜色；

②耳：声音，仔细听茶与茶、茶与手摩擦的声音；

③鼻：气味，有意识地嗅茶叶的香气；

④舌：味道，感受茶叶的味道；

⑤身：触感，感受触碰茶叶的感觉；

⑥意：感知，在练习中，既可以前述五感作为让心回到当下的方法，心安定了，对茶的认知就更接近于真实状况；也可以觉察茶叶带给你的想象及引发的情感。

参考本书附录 B 提供的音频，进行茶叶静观练习。

3 正念自饮

正念自饮是大益独创的正念茶修练习方式。它是在正念的基础上设计出的一套具有标准化引导语的冲泡与品饮流程，通过在流程中引导练习者逐一对每个环节的细致觉察，进入"专注觉知当下，非评价"的正念状态，以求达到"身心大益"的效果。该练习可作为茶初学者和专家的通用练习方式。通过自饮练习，既可培育茶人的专注度、觉察力、定力、自我认知能力，又可以帮助茶道师打开冲泡、品鉴和善意之门。

正念自饮是大益正念茶修的重中之重。

它包括7个步骤：①选茶、②择器、③备水、④入境、⑤冲泡、⑥品茗、⑦回味。其中，①②③属于准备工作，④⑤⑥⑦属于练习阶段，茶道师可根据自己的理解酌情修改或撰写自己的引导语，但全部步骤必须包括上述7项，作为线下大益正念茶修课程课后练习或与他人分享。

正念自饮练习

自己撰写引导语需要注意的事项：

①什么是引导语。

引导自己和别人进行正念练习的句子，要起到带领的作用。

引：指引、引领；导：指导、导向

②引导要明确、清晰，可以即刻操作。

③引导的节奏要和实操的动作相统一。

④引导语的长度要根据各自的练习情况来选择。

⑤引导语词句要通顺，最好还能有一些美感。

⑥最好以"现在"开始，提醒自己专注此刻当下。

⑦核心是要能体现正念的原则／态度。

自饮练习的心法：

①保持初心，不用经验，觉察到自己习惯性的自动化动作，念念分明地完成全过程。

②绵密细微地去感受当下的任何体验，包括冲泡动作与品饮感觉。

③在冲泡与品饮的全过程中，只体验，不对感觉贴标签，不评价，或至少做到对评价保持觉察。

④不苛求过程完美，不苛求茶汤一定好喝，接受自己的全过程，接受当下这口茶。

⑤如果心散乱了，不必苛责，试着调整呼吸，回到自饮的相应步骤中。

最后，通过自饮练习，我们可以达到的三个层面分别是：

①滋味层面（如实观照）：

加深对汤色、口感、鉴别、冲泡、品鉴的感受。

②品味层面（认知提升）：

a）自饮练习帮助我们温和地沉浸下来、与自己同在；

b）暂停对茶汤、对自己过多负向或是正向的评价；

c）接纳茶汤品质的真实呈现，接纳自己的阳光面与阴暗面、健康面与病态面；

d）善意对待眼前的茶，也照顾好自己、安顿好自己；

e）信任自己念念分明冲泡出的茶汤，也尝试平衡而非失衡地持续探索、发现自己，照顾好自己，也信任自己；

f）珍惜一个人独处的时刻，反观自照自己的心性，信任自己（平衡而非失衡地持续探索、发现自己）；

g）一个人独处的时候，觉察自饮练习中自己的起心动念，觉察生活中自己待人处事的态度正是修炼自己心性的时候；

h）体会儒家"慎独"的意涵，你更能觉察自己的起心动念。

③真味层面（益己利人）：

a）体会茶叶的奉献和付出真味层面；

b）体会茶对自我身心的滋养，培养善念和感恩心理；

c）在心里邀请一位朋友和自己一起练习；

d）借由一杯茶汤送出友善的祝福，助人、慈爱。

参考本书附录 B 提供的音频，进行自饮练习。

4 正念对饮

正念对饮练习

正念对饮是大益独创的正念茶修练习。大益正念茶修除了自饮练习的方式以外，还包括与他人一起喝茶的"对饮"方式。即充分利用"茶"这个载体，提升茶人的沟通品质，调整人际交往的宽度和弹性。与自饮主要是为了追求自己的身心健康不同，对饮练习主要侧重提升自身与他人的沟通与交往能力，以及在练习中改善与他人的人际关系。我们常常说"一起喝杯茶"，其本质其实是一场有预期的沟通。

沟通是人际交往的基础，好的沟通是建立健康和谐人际关系的基础，不良的沟通可能导致良好人际关系的崩溃。无论是怎样的人际关系，都需要良好的沟通来维持和发展，特别是产生摩擦与龃龉时，如何正确沟通显得更为

重要。在日常交往中，不良沟通往往有以下 3 种形式：

①不愿沟通

有些人懒得沟通，或想当然地以为不需要沟通而导致对方的误解与不满。

②强势沟通

基于地位和辈分，将观点强加给对方，这样的沟通根本无效，因为它无法反映双方特别是弱势一方的真实意愿。

③退缩沟通

一些人喜欢息事宁人、害怕冲突，往往在沟通中不是将解决问题摆在第一位，而是以人际关系和谐为第一准则，最终导致沟通无效。

在沟通过程中，有三个基本元素最为重要：自己、他人与情景。而提升沟通质量则有三个关键点：复述（映照）、接纳与共情。

①复述（映照）

复述就是用自己的语言对对方刚刚的话语进行重复。在有效沟通中，复述的核心在于：传递给对方，自己接纳他，与他同在的信息。大多数人说话时最讨厌被对方打断，或是对方心不在焉，因为这会让我们觉得自己不被重视。另外，任何人都有"被看到"和"被听到"的需求，所以当对方说话时，你要注视着对方、耐心倾听，不要打岔，等他说完了，你可以用自己的语言简单重复一下他的话，让他知道你一直在认真考虑他说的话。

我们在沟通过程中，往往存在三种映照状态，分别是：

a）全然映照：我们的心与对方完全同在。

b）局部映照：我们在某些点上加入了自己的想法。

c）不映照：主观诠释对方的表达，未能领会对方真实的想法。

②接纳

要做到接纳，就需要不管对方说的话在你看来有多没道理，多让人生气，都不要急着否定他。谈话时最重要的不是内容，而是关系。我们经常强调态度，就是因为很多时候我们沟通的不是单纯某件事，而是这件事中对方给我们传递的关系。

③共情

沟通的最终目的不是证明我对你错，而是求同存异。每个人都有自己的立场和需求，如果各执己见，那这个问题永远谈不拢。学会换位思考，你要求对方尊重，他同样也想要你的尊重。换位思考最简单的方式就是把你的做法写下来，想象如果有一个人这样对你，那你是什么感受，用这个方法可以有效消除敌对感。沟通时对方的观点你可以不赞同，但是你得承认对方有权这么认为。

最后，有效沟通过程须秉持以下原则：

①不评价，对自己聆听过程中产生的评价保持警觉。

②真实相待，在善意的前提下不伪装自己。

③不我执，不过度执着于自己的价值观、经验等。

④平等交谈，既不唯唯诺诺，也不唯我独尊。

⑤慈悲，对发言者保持慈悲心，即使在自己并不接受对方的想法时。

⑥共情（随悲），设身处地地去感受对方的痛苦。

⑦共情（随喜），能够与对方分享他的喜悦而不是"恨人有，讥人无"。

⑧快乐友好地结束。

在进行对饮练习时只需按照原则去执行即可，因而无引导语。

5　茶的联结

茶的联结是大益独创的正念茶修练习。通过这个练习，感受茶人与茶人之间、茶人与世界之间的关系，生起茶人以茶服务社会、参与社会进步的心念，感恩、融入。

这个练习的设计灵感来自卡巴金博士在接受《瑜伽》（美国权威的瑜伽杂志）访谈中对正念的阐述：如果你让我用一两个词来解释正念，我会选的

第一个词是"觉知"，正念是纯粹的觉知，既不是从科学的视角，也不是从个人主观的视角来看待事物；另一个词是"关系"，比如我能够觉察到自己的呼吸，但是我觉察到呼吸和呼吸本身无法分开，它只是从不同的方面来阐释同一件事。二元论一般会区分主体和客体，但觉知超越了二元论，不区分主体和客体，认为只有呼吸，没有呼吸的人；只有感受，没有感受者。因此，只有当你更了解"自己不是谁"时，你才更能了解"自己是谁"。这种了解是真正的体验，而不是头脑编造的故事。当你的头脑认为自己是谁的时候，你的自我会变得更强大。

茶的联结

提示：

①这个练习，是基于对"觉知"和"关系"的理解而设计的。

②这个练习，从一杯茶汤开始，让修习者体验自己与自己的内在，自己与他人、与环境的关系，进而理解到联结的一体性，即"不二"性。

③这个练习，对有大益茶修经验的修习者来说，比较容易的一点是对一杯茶汤最终呈现所要经历的各个环节均有所了解，容易体会到相互之间的

关系。

④在实践中，这是一个简单、容易进入的练习，可以通过"一杯茶"去启发心智。

⑤通过这个练习，可以感受茶人与茶人之间、茶人与世界之间的关系，生起茶人以茶服务社会、参与社会进步的心念，带着全然的接纳，感恩、融入。

参考本书附录 B 提供的音频，进行茶的联结练习。

6　茶山冥想

茶山冥想练习

寻求内心的平静具有巨大的价值，无论我们的外在形象如何，体验过何种感觉，经历了怎样糟糕的磨难，出现过怎样的精神波动，最后，都唯有平静才是疗愈我们内心的开始。对平静的渴望并不应该是一种渴求，它是可以

被培养出来的，只要做到专注和开放地觉察，平静就可以油然而生。人们常常用高耸巍峨的山来描述平静，因为它总是"任他风吹雨打，我自岿然不动"的。茶山冥想练习的灵感来自将自己想象成一座茶山，历经了四季的变化。它能让我们内心踏实，情绪稳定，特别是对刚刚经历过重大负性情绪事件的练习者来说，效果显著。

参考本书附录 B 提供的音频，进行茶山冥想练习。

第 五 章

大益正念茶修心理保健的实证研究

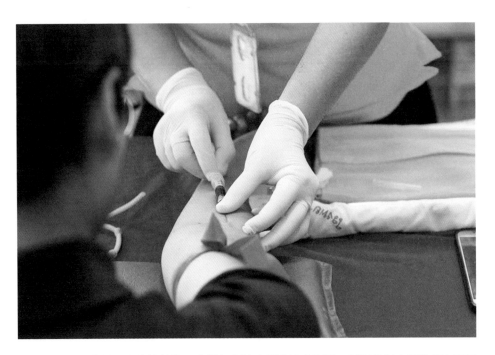

经过 8 周大益正念自饮的练习者进行血液皮质醇浓度测量，以评估其心理焦虑水平是否减轻

 本 章 要 点

通过本章学习，您将了解到：

1. 大益正念茶修自饮练习有助于焦虑的缓解。

2. 大益正念茶修自饮练习有助于抑郁的缓解。

3. 大益正念茶修自饮练习有助于睡眠质量的提高。

4. 大益正念茶修自饮练习有助于大脑过度 DMN 工作模式的减弱。

　　本章将就大益正念茶修练习特别是正念自饮练习对于一些心理问题的干预效果之科学研究进行介绍，本章内容具有较强的专业性，对研究细节兴趣不大的读者可以略过本章，直接阅读研究结论。

　　抑郁、焦虑、失眠等问题严重困扰着人们，它们也是当下最为常见的身心问题，因为大量研究证明了正念练习对上述三者具有良好的干预效果，因此，我们对正念自饮是否具有上述效果进行了检验，研究简报将在本章前三节进行介绍。此外，我们在第二节介绍了一种可能有损大脑健康，导致各类心理与精神健康问题的脑工作模式——预设模式网络（Defaulted Model Network：DMN）。以往研究证明，正念冥想练习者的这一工作模式显著弱于一般人，那么，通过正念自饮练习是否同样可以达到显著减弱这一大脑工作模式的效果呢？我们进行了脑成像研究，研究简报将在本章第四节介绍。

第一节

大益正念茶修测量工具介绍

在介绍实验结果之前，我们首先对本章研究中使用过的心理测量工具做一个简单的介绍。

所谓测量，就是依据一定的法则使用量具对事物的特征进行定量描述的过程。而心理测量是指依据一定的心理学理论，使用一定的操作程序，给人的能力、人格及心理健康等心理特性和行为确定一种数量化的价值。广义的心理测量不仅包括以心理测验为工具的测量，也包括用观察法、访谈法、量表法、实验法、心理物理法等方法进行的测量。心理测量是通过科学、客观、标准的测量手段对人的特定素质进行测量、分析、评价。这里的所谓素质，是指那些完成特定工作或活动所需要或与之相关的感知、技能、能力、气质、性格、兴趣、动机等个人特征，他们是以一定的质量和速度完成工作或活动的必要基础。

在大益正念茶修的实证研究中，我们要测量的主要是个体的抑郁、焦虑与睡眠质量，采用的方法是量表法，通过量表法引导受测人就自己的某个心理健康状况在问卷上作答，并根据作答情况进行评分，然后将得分与某些标准作对比，从而将受测人的健康状况进行评估的方法。

针对抑郁、焦虑、失眠三大问题，我们采用具有权威机构认定的，心理学常用问卷或量表，通过患者自评来对其状况进行判断，类似在医院做的各种检查。本章研究工具包括如下3个量表：

1 抑郁自评量表（Self-rating Depression Scale，SDS）

该量表由 Zung 于 1965 年编制[1]，用于心理咨询、抑郁症状况的筛查及严重程度判定和精神药理学的研究。SDS 在国内外被广泛使用，共包括 20 个项目，采用 4 点李克特量表计分，选项包括"没有或很少时间"、"少部分时间"、"相当多时间"以及"绝大部分时间或全部时间"。正向计分题，依次评分为 1、2、3、4；反向计分题，依次评分为 4、3、2、1。

2 焦虑自评量表（Self-rating Anxiety Scale，SAS）

该量表由 Zung 于 1971 年编制[2]，其构造形式和评分方法与抑郁自评量表（SDS）相似，被用来评估被测者的主观焦虑感受。SAS 在临床与研究中也被广泛地应用，共包括 20 个项目，采用 4 点李克特量表计分，选项包括"没有或很少时间"、"少部分时间"、"相当多时间"以及"绝大部分时间或全部时间"。正向计分题，依次评分为 1、2、3、4；反向计分题，依次评分为 4、3、2、1。

3 匹兹堡睡眠质量指数（Pittsburgh Sleep Quality Index，PSQI）

该量表于 1989 年由匹兹堡大学精神科医生 Buysee 编制[3]，用于评估睡

---

[1] 张明园：《精神科评定量表手册》，湖南科学技术出版社 1998 年版，第 35-39 页。

[2] William W.K. Zung, "A Rating Instrument for Anxiety Disorders", *Psychosomatics,* Vol.12, No. 6 (1971), pp. 371-379.

[3] Buysse, Daniel J., et al. "The Pittsburgh Sleep Quality Index: a new instrument for psychiatric practice and research", *Psychiatry research,* Vol.28, No.2 (1989), pp.193-213.

眠质量研究，我国学者刘贤臣 1996 年对其进行了翻译与修订，结果发现：PSQI 简单易行，信效度高。目前已被国内精神科广泛采用。PSQI 由 19 个自评和 5 个他评条目构成，其中，第 19 个自评条目与 5 个他评条目不参与计分。其余条目的计分可用来合成睡眠质量、睡眠时间、入睡时间、睡眠效率、睡眠障碍、促眠药物和日间功能障碍 7 个组。每个组按 0—3 的 4 点李克特量表计分，累计各组得分的总分。得分越高则睡眠质量越差。

1　大益正念自饮练习缓解抑郁

1）抑郁症简介

抑郁症（重度抑郁症）是一种常见的严重疾病，它会对患者的感觉、思维和行为产生负面影响。幸运的是，它也是可以治疗的。抑郁症状会引起有临床意义的痛苦，或导致社交、职业或其他重要功能方面的损害。[1]

抑郁症的主要症状有哪些呢？根据哈佛大学医学院的 Vikram Patel 教授在其著作《没有精神科医生的地方》中总结的，患有抑郁症的个体往往会存在以下表现：

心理上：

· 总是感到悲伤和痛苦、失去了感受快乐的能力

· 总是出现消极负面的想法

· 欲望的降低。主要表现为食欲、性欲、社交欲望、工作欲望的丧失

· 负罪感。总是觉得自己有罪

· 易怒、脾气暴躁

· 经常冒出自杀的观念甚至制订了自杀计划

躯体上：

· 部分个体表现出没有缘由的疼痛，如背痛、腰痛、全身疼痛等

---

① 　美国精神医学生会编：《精神障碍诊断与统计手册（第五版）》，[美]张道龙等译，北京大学出版社 2014 年版，第 154—155 页。

·睡眠出现障碍

·进食功能受到影响，主要表现为暴饮暴食或进食困难，伴随有肠胃功能紊乱

·身体疲劳乏力

认知上：

·记忆功能减退

·注意力难以集中

·认知加工速度变慢

抑郁症可以影响任何人，甚至是环境优渥的人。几个因素可能在抑郁症中起作用：

·生物化学：大脑中某些化学物质的差异可能导致抑郁症的症状。

·遗传学：抑郁症可以在家族中遗传。

·个性：自尊心低的人，容易被压力压垮的人，或者悲观的人更容易经历抑郁。

·环境因素：持续接触暴力、忽视、虐待或贫困可能使一些人更容易抑郁。

上述因素中，生物化学和环境大多通过药物或者改变患者的生活环境来改变，一般来讲，由这几种情况而患病的人数不多。事实上，大部分抑郁症患者都是由于内在心理原因所导致，其中，最为核心的因素是其思维方式，或者说对信息的认知加工方式。

那么，是什么样的思维方式呢？抑郁的认知理论认为：认知理论认为抑郁症患者往往更容易陷入负性认知，且是主动选择的负性认知。比如黛玉把落下的花看作死亡，这是典型的抑郁症症状，而导致选择性负性认知加工的原因一般是因为消极生活事件，特别是短时间连续经历多次消极事件。有心理学家认为，人类的情感处理中，包括两种相反的方式：行动模式（Doing

Model）与存在模式（Being Model）。[①]

　　抑郁患者大多陷入行动模式当中，该模式通过反刍（对负性情感、产生原因以及可能导致的后果循环往复地消极思考）性思维让负性情绪的消极影响不断扩大和加强，最终，烦恼一个接一个，且强度愈来愈高。相反，有效的负性情绪处理方式却进入不了思维中，这使得抑郁症始终被保护在"反刍"之下而得不到清除，即使有其他的途径暂时缓解或逆转了抑郁症，只要反刍思维这台"爆米花机"[②]还在，复发是早晚的事。

　　而正念是典型的东方式存在模式，该模式强调专注当下，非评价，不纠结过去，也不焦虑未来。一旦正念作为操作系统被装进大脑，立马就可以和行动模式抢夺 CPU 和内存资源，并且通过启动元认知，即对当前意识状态特

---

　　①　Teasdale, John D. "Emotional processing, three modes of mind and the prevention of relapse in depression", *Behaviour research and therapy,* Vol.37 (1999). Pp.53-77.
　　②　负性情绪好比爆米花机里的玉米粒，反刍思维好比爆米花机，一方面，它让玉米粒不断膨胀变大，另一方面，封闭的机器内，外界空气水分进不来，没有阻止玉米粒变爆米花的力量。

别是思维模式的监控以达到更彻底的自省而跳出行动模式，并因此阻断反刍思维与抑郁的产生与复发。

而这一切只需要从最简单的将注意力从对负性情绪的反刍转换到对呼吸、声音、身体触觉的感觉上，只要持续一定的时间就能有所收效。

的确有学者通过实验支持这样的观点，他们认为专注于存在模式的正念认知治疗至少从两条途径抑制抑郁的复发：

①用作反刍思维的注意力资源被挤占；

②被挤占的注意力资源被重新调配给基于正念的觉知和对意识的元认知[①]。

2）大益正念自饮对抑郁状态影响的研究

实验目的：

考察"大益正念茶修自饮练习"是否对个体心理抑郁水平具有缓解作用。

实验方法：

①实验被试

选取自愿参加实验的被试 63 名，其中男 35 名，女 28 名，年龄范围在 20—33 岁之间。所有被试均未接触过"大益正念茶修练习"，且为轻度茶饮用者（每周饮茶次数少于 2 次）。

②实验材料

大益正念自饮引导语录音。修订的抑郁自评量表（Self-rating Depression Scale，SDS），用于测试被试的抑郁水平，实验前将量表打印在 A4 纸上备用。

实验程序：

a）所有被试填写 SDS 量表进行抑郁水平自评，得到初始抑郁水平评分。

---

① Teasdale, John D., Zindel Segal, and J. Mark G. Williams. "How does cognitive therapy prevent depressive relapse and why should attentional control (mindfulness) training help?", *Behaviour Research and therapy,* Vol.33, No.1 (1995), pp.25-39.

b）将全部被试随机分为控制组和实验组，其中实验组 32 人，控制组 31 人。

c）控制组被试每天进行 2 次听自然音放松，每次 21 分钟，时间自选，持续 8 周。

d）实验组的被试经过 2 小时大益正念自饮教学，教学结束后测试学习效果，直到教师认为合格。

e）实验组被试每天练习大益正念自饮 2 次，每次 21 分钟，时间自选，持续 8 周。

f）实验组与控制组被试均在每周日晚 7 点填写 SDS，进行抑郁水平自评，共 8 次。

数据分析：

采用 IBM SPSS 20.0 进行方差分析。以组别为自变量，以所有被试的初始 SDS 水平评分分别减去后 8 次得分之差为因变量，方差分析结果表明：组别效应差异显著（$ps < 0.05$，$\eta^2 s > 0.19$）：实验组被试的抑郁缓解效果明显优于控制组。

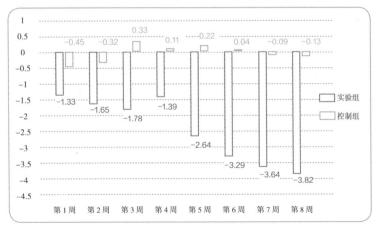

8 周过程中，实验组与控制组被试相对初始抑郁水平的变化

结论：

大益正念自饮练习对抑郁水平的缓解具有显著长期效果。

2 大益正念自饮缓解焦虑

1）焦虑症简介

焦虑是一种以内心混乱的不愉快状态为特征的情绪，通常伴随着紧张的行为，如来回踱步、躯体抱怨和沉思。焦虑往往还伴随着不安和担忧的感觉，通常是对一种情况的过度反应，但这种情况只在主观上被视为威胁，比如"一朝被蛇咬，十年怕井绳"。焦虑常伴有肌肉紧张、坐立不安、疲劳和注意力不集中等问题。适度焦虑比如士兵的焦虑一定程度上能让他们保持警觉，但焦虑过度则可能罹患焦虑障碍。需要说明一下：焦虑与恐惧不同，后者主要是对真实或感知到的直接威胁的反应，而焦虑则几乎都是对未来威胁的预期。

焦虑的症状有哪些呢？其主要特征如下[1]：

感觉上：

·担心要发生可怕的事情。

·过度害怕。

身体上：

·心跳过快（心悸）。

·呼吸不正常。

·头昏眼花。

·浑身发抖。

·头痛。

---

① Vikram Patel, Where There is no Psychiatrist, The Royal College of Psychiatrists, 2017, p.7.

·四肢或面部发麻（就像蚂蚁爬行的感觉）。

思想上：

·过分担心自己的健康。

·严重的身体症状和极度恐惧下，往往认为一个人即将死去，失去控制或"发疯"。

行为上：

·避免与产生恐惧的情况相接触，比如"恐飞症"，不乘飞机，甚至不能听到"飞"字。

·不断地寻求安慰，但仍然很担心。

·睡眠质量糟糕。

造成焦虑的主要原因在于：

·脑神经：杏仁核和海马的神经回路被认为是焦虑的基础。患有焦虑症的人对杏仁核的情绪刺激往往表现出高度的活跃。

·肠脑轴心：肠道中的微生物如双歧杆菌和芽孢杆菌可以分别产生神经递质 GABA 和多巴胺。二者向胃肠道神经系统发出信号通过迷走神经或脊髓系统传到大脑从而影响焦虑。

·遗传因素：遗传和家族史（如父母焦虑）可能会增加个体患焦虑症的风险，但一般来说，外部刺激会触发其发病或加重。

·疾病因素：许多疾病都会引起焦虑，包括影响呼吸能力的疾病，如慢性阻塞性肺病和哮喘，以及严重的呼吸困难。

·药物因素：一些药物可以引起或加重焦虑，包括：酒精、烟草、大麻、镇静剂，阿片类药物等。

除此以外，引起焦虑的因素更多在于心理层面。包括：糟糕的应对技巧，否认、回避，冲动，极端的自我期望，情感不稳定，无法集中精力等都与焦虑有关。此外，导致焦虑的心理原因与抑郁有很多重合之处，比如：悲观的预期结果以及过多选择性地对消极情绪或事件的关注，并在此基础上对消极

情绪进行过度加工。

从本质上看，焦虑的产生机制同样是对消极情绪的关注与行动思维模式的叠加而崩出的"爆米花"，因此，正念对于焦虑症的治疗存在效果就与其治疗抑郁有效的内在机制相似，这里不再赘述。总之，如果可以专注于当下，就有可能从根源上杜绝过度焦虑的产生。

2）大益正念自饮对焦虑状态影响的研究

实验目的：

考察"大益正念茶修自饮练习"是否对个体心理焦虑水平具有缓解作用。

实验方法：

①实验被试

选取自愿参加实验的被试 72 名，其中男 37 名，女 35 名，年龄范围在 20—31 岁之间。所有被试均未接触过"大益正念茶修练习"，且为轻度茶饮用者（每周饮茶次数少于 2 次）。

②实验材料

大益正念自饮引导语录音。修订的焦虑自评量表（Self-rating Anxiety Scale，SAS）用于测试被试的焦虑水平，实验前将量表打印在 A4 纸上备用。

实验程序：

a）所有被试填写 SAS 量表进行焦虑水平自评，得到初始焦虑水平评分，并抽血检测血液皮质醇浓度水平，作为焦虑水平的生理参考值。

b）将全部被试随机分为控制组和实验组，其中实验组 40 人，控制组 32 人。

c）控制组被试每天进行 2 次听自然音放松，每次 21 分钟，时间自选，持续 8 周。

d）实验组的被试经过 2 小时大益正念自饮教学，教学结束后测试学习效果，直到教师认为合格。

e）实验组被试每天练习大益正念自饮 2 次，每次 21 分钟，时间自选，持续 8 周。

f）实验组与控制组被试均在每周日晚 7 点填写 SAS 量表，共 8 次，并在第 1、2、4、8 周抽血检测血液皮质醇水平，综合进行焦虑水平测评。

数据分析：

采用 IBM SPSS 20.0 进行方差分析。以组别为自变量，以所有被试的初始 SAS 水平评分分别减去后 8 次得分之差为因变量，方差分析结果表明：SAS 得分组别效应差异显著（$ps < 0.001$，$\eta^2 s > 0.23$）：实验组被试的焦虑缓解效果明显优于控制组。血液皮质醇水平组别效应差异显著（$ps < 0.01$，$\eta^2 s > 0.16$）：实验组被试血液皮质醇水平在第 1、2、4、8 周都显著低于控制组，而在初始状态两组无显著差异（$p = 0.32$，$\eta^2 = 0.016$）。

结论：

大益正念自饮练习对焦虑水平的缓解具有显著长期效果。

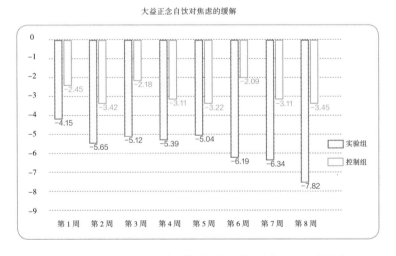

大益正念自饮对焦虑的缓解

8 周过程中，实验组与控制组被试相对初始焦虑水平的变化

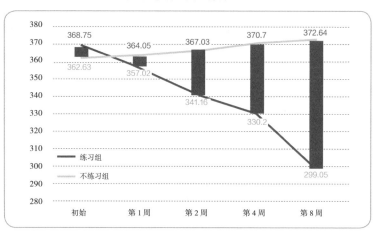

大益正念自饮对焦虑的缓解

皮质醇的时间变化（单位：nmol/L）

3 大益正念自饮提升睡眠质量

1）失眠简介

失眠可能是独立发生的，也可能是另一个问题的结果。导致失眠的原因包括心理压力、慢性疼痛、心力衰竭、甲状腺功能亢进、烧心、不宁腿综合征、更年期、某些药物以及咖啡因、尼古丁和酒精等药物。其他危险因素包括昼夜节律颠倒和睡眠呼吸暂停症。长期失眠会对身心造成巨大的伤害。

研究表明，正念练习对不同原因的失眠均有一定的治疗效果：比如包括癌症在内的器质性疾病导致的失眠[①]，还有精神因素导致的失眠，包括精神障碍性抑郁症[②]、焦虑性失眠[③]。

---

① Lengacher, Cecile A., et al. "The effects of mindfulness-based stress reduction on objective and subjective sleep parameters in women with breast cancer: a randomized controlled trial", *Psycho-Oncology,* Vol.24, No.4 (2015), pp. 424-432.

② Heidenreich, Thomas, et al. "Mindfulness-based cognitive therapy for persistent insomnia: a pilot study", *Psychotherapy and psychosomatics,* Vol.75, No.3 (2006), pp.188-189.

③ Boettcher, Johanna, et al. "Internet-based mindfulness treatment for anxiety disorders: a randomized controlled trial", *Behavior therapy,* Vol.45, No.2 (2014), pp.241-253.

正念何以对失眠具有良好的治疗效果呢?

一些研究者认为:失眠患者的一个常见心理状态就是他们往往因为失眠本身而加重自己的焦虑情绪,包括当下的失眠状态引起的焦虑以及对失眠可能对来日工作和学习产生影响的焦虑,这给他们增加了很大的心理负担,因此,失眠症状易于持续且无法缓解,甚至加重。前面说过,正念能够让练习者专注于当下,将固有的行动模式转化为存在模式,切断自动思维,从而达到减少焦虑、抑郁等消极情绪的目的,最终实现治疗失眠的效果。

2)大益正念自饮对睡眠质量提升的研究

实验目的:

考察"大益正念茶修自饮练习"是否对个体心理睡眠质量具有提升作用。

实验方法:

①实验被试

选取自愿参加实验的被试 66 名,其中男 42 名,女 24 名,年龄范围在 21—35 岁之间。所有被试均未接触过"大益正念茶修练习",且为轻度茶饮用者(每周饮茶次数少于 2 次)。

②实验材料

大益正念自饮引导语录音。修订的匹兹堡睡眠质量自评量表(Pittsburgh Sleep Quality Index,PSQI)用于测试被试的睡眠质量,实验前将量表打印在 A4 纸上备用。

实验程序:

a)所有被试填写 PSQI 量表进行睡眠质量自评,得到初始睡眠质量评分。

b)将全部被试随机分为控制组和实验组,其中实验组 33 人,控制组 32 人(1 人退出)。

c)控制组被试每天进行 2 次听自然音放松,每次 21 分钟,时间自选,持续 8 周。

d）实验组的被试经过 2 小时大益正念自饮教学，教学结束后测试学习效果，直到教师认为合格。

e）实验组被试每天练习大益正念自饮 2 次，每次 21 分钟，时间自选，持续 8 周。

f）实验组与控制组被试均在每周日晚 7 点填写 PSQI，进行睡眠质量自评，共 8 次。

数据分析：

采用 IBM SPSS 20.0 进行方差分析。以组别为自变量，以所有被试的初始 PSQI 水平评分分别减去后 8 次得分之差为因变量，方差分析结果表明：组别效应差异显著（$ps<0.01$，$\eta^2s>0.17$）：实验组被试的睡眠质量提升效果明显优于控制组。

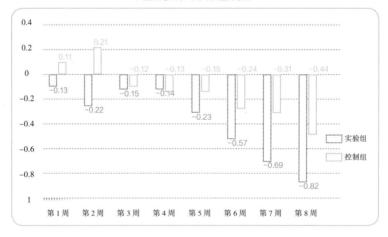

8 周过程中，实验组与控制组被试相对初始睡眠质量提升的变化①

结论：

大益正念自饮练习对睡眠质量的提升具有显著长期效果。

---

① PSQI 量表中，得分越高说明睡眠质量越差。

4　大益正念自饮缓解 DMN 工作模式的脑成像研究

1）DMN 脑工作模式简介

在第二章，我们介绍过 DMN（Defaulted Model Net-work）是大脑的一种工作模式，它主要涉及大脑的内侧前额叶与后扣带皮层的同时激活，当这一工作模式过度时，会导致诸如时常疲劳、睡眠不足乃至心思杂乱、胡思乱想等状态的产生，DMN 模式也通常与抑郁、焦虑等消极情绪相关。研究表明，基于 Doing Model 下的反刍思维是导致这一工作模式的重要原因。另有研究表明，正念练习能有效抑制或减弱这一工作模式，从而减少消极情绪对个体心理健康的损害，让个体的大脑得到真正的休息。已有研究表明，长期进行正念练习者其 DMN 工作模式的激活程度显著低于一般人，正念茶修也是一种正念练习方式，因此，它是否具有同样的减弱 DMN 工作模式的效果呢？为此，我们做了以下实验：

2）大益正念自饮有益于缓解过度 DMN 工作模式的研究

实验目的：

考察"大益正念茶修自饮练习"是否对个体的过度 DMN 工作模式具有减弱的作用。

实验方法：

①实验被试

选取自愿参加实验的被试 16 名，其中男 7 名，女 9 名，年龄范围在 24—54 岁之间。所有被试均未接触过"大益正念茶修练习"，且为轻度茶饮用者（每周饮茶次数少于 2 次）。

②实验材料

大益正念自饮引导语录音，功能性磁共振成像（fMRI）仪。

实验程序：

a）所有被试进行 fMRI 扫描。

b）被试经过 2 小时大益正念自饮教学，教学结束后测试学习效果，直到教师认为合格。

c）所有被试每天练习大益正念自饮 2 次，每次 21 分钟，时间自选，持续 8 周。

d）第 8 周结束再次进行 fMRI 扫描。

数据分析：

采用 IBM SPSS 20.0 进行重复测量多元方差分析。以是否练习为自变量，以所有被试的 mPFC 与 PCC 激活区域面积与强度为因变量，分析结果表明：主效应差异显著（$ps<0.01$，$\eta^2s>0.17$）：练习后被试的 mPFC 与 PCC 激活的面积与强度均明显低于练习前。

实验程序示意图

实验被试练习后（内测前额叶）mPFC 静息状态功能连接显著区域的峰值 MNI 坐标，与练习前相比，练习前 mPFC 功能连接显著更强（在 Z >3 处对图像进行阈值处理，得到峰值坐标。基于聚类的阈值 p < 0.05）。

mPFC 功能连接

练习后

mPFC	8.9	0	57	-7
R precuneus	3.29	8	-64	35
R parahippocampal	4.21	29	-10	-33
R middlefrontal gyrus	2.80	25	32	33
L parahippocampal	2.77	-34	-10	-33
R superior frontal gyrus	2.79	27	36	54
PCC	2.72	2	-14	29
L superior frontal gyrus	2.72	-4	32	61
R temporal pole	2.68	49	8	-29
Retrosplenial cortex	2.71	-7	-52	8
练习前				
mPFC	7.68	-2	57	-4
L inferior parietal lobule	4.69	-38	-77	35
R inferior parietal lobule	5.10	50	-67	25
R Lateral temporal cortex	4.76	60	-12	-19
L lateral temporal cortex	4.11	-64	-18	-15
Visual cortex	3.65	4	-89	2
R orbitofrontal cortex	3.70	36	32	-18
L posterior thalamus	3.60	-8	-29	-2
R parahippocampal gyrus	2.77	12	3	-19
R orbitofrontal cortex	2.53	-18	22	-21
练习前 > 练习后				
Lingual gyrus	3.77	6	-65	6
Occipital pole	3.16	-2	-87	-1
R PCC/precuneus（ventral）	3.14	22	-63	14
Precuneus（dorsal）	3.09	0	-80	44
R retrosplenial cortex	3.06	8	-50	-8

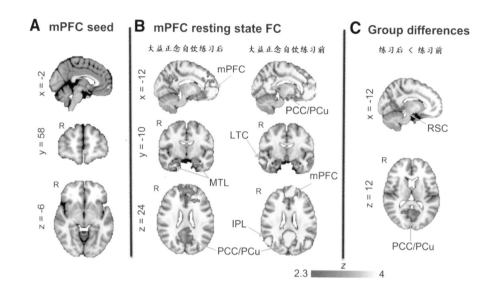

fMRI 数据表明，在 mPFC、MTL 和 PCC/PCu 三个区域的激活面积以及强度上大益正念自饮结束后，均显著低于练习前（色条颜色越偏红表示激活程度越强）。

结论：

经过为期 8 周的正念自饮练习，被试的 DMN 脑工作模式强度显著下降。

附 录 A

既往学员的学习感悟

生活是最好的修炼——大益正念茶修练习反馈

作者：杨丽

2020年5月25日、26日、27日，短短的三天，勐海茶厂93名同学以班级为单位进行了一场正念日的集中修习，同时也全部接受了考核，顺利结业。

令人意外的是，在为期10天的自我练习中，正念茶修练习风潮席卷整个勐海茶厂。休息间隙，各部门的茶道师们纷纷聚集在一起开始呼吸静观的练习，在纷杂的工作中寻找那份安定平静。回到家时，茶道师们可以采用视频连线的形式，与回归家庭的朋友们进行一次关怀自我的正念自饮练习。现在即便是行走在路上、开车在外时都能不自觉地开始正念听音和身体扫描。而对那些行走的脚步声、指尖与裤缝的摩擦声、长鸣的喇叭声、以前觉得是噪声的虫鸣鸟叫，也都有了新的体验，许多同学反馈通过不断地练习能打开我们的感官，觉察身边细微的事物，提升我们的专注力。将正念茶修融入生活，我们会有更多不同的体验。以下是一些同学的倾情分享，他们有的是孩子的母亲，有的是父母的女儿，还有的是员工的领导，有的是做技术研究的人员，有的是做基层工作的车间员工；角色不同，使命不同，他们都在经历着生活的历练，但他们都通过大益正念茶修发现了适用自己的方法，去应对充满挑战的生活。

大益正念茶修考核（正念日）学员练习感受分享

【减压篇】

刘秀丽：今天主要从两方面为大家分享：一是我们第三小组正念练习的

一个心路历程；二是通过十次的正念练习我自身的一个感受及带给我工作、生活中的一些变化。

首先，分享一下我们组练习的心路历程及感受，我们组根据教学要求，制定了一个正念练习时间表，若无特殊情况都严格按时间进行。刚开始时，大家因生活、工作等原因，对练习产生了抵触情绪，觉得浪费时间；经过两次练习之后，我发现大家一到时间点就会在群里提醒准备开始练习了或催促其他未到的组员；再后来，时间点一到，大家都会自觉地在安排的地点等候，甚至有组员反映期待并享受每次的练习。从抵触到接纳再到专注、享受的一个变化过程，其实也是我们正念的一个过程。

练习过程中，我个人比较喜欢正念听音环节，尤其喜爱听自然音，大自然的声音，让我更容易入境，每次听音，都有种身临其境的感觉，眼前总是浮现自己走在树林中静静聆听鸟叫或是坐在海边听波涛翻滚，感受海风吹过的情景，给人一种视觉及听觉的享受。

最后，给大家分享一下通过十次的练习，我自身的一些感受及变化。

（一）高效休息法。通过十次的练习，我发现正念茶修是一个让我们身心得到放松的有效方法。在日常生活中，我们都知道，累了需要休息，我们通过各种方式（按摩、汗蒸、休息等）让我们的身体得到缓解放松，但却忽略了我们大脑的休息，而正念恰恰是一种能让我们身心都能放松的休息方式，在我练习的过程中深有感触（一次是因前晚休息不好，上班时精神状态不佳，通过正念练习感觉得到了一定缓解；另一次是周五下班后的练习，感觉工作一周的疲劳没有了，烦心事也不见了，整个人身心特别愉悦）。

（二）专注度、工作效率提高。通过正念练习后，总会自觉不自觉地去觉知自己是否走神了，如果发现走神了，会不自觉地把注意力拉回；也会不自觉地通过排除外界的一些干扰，使自己专注于当下，像看书的时候把手机放一边，尽量不去看它，以使自己专注于当下，从而提高生活、工作的效率。希望通过后期的练习，自己可以做到无视外界干扰，专注于自己。

（三）心静自然凉。以前别人跟我说起的时候，我总觉得这是一种自我安慰、心理作用，但通过正念练习后，我发现确实是有道理的，通过调整呼吸，平息内心，放平心态，不去评价，使内心真正平静下来，身体受其影响自然也会平静，心静，故身不热。

（四）修身养性。通过正念练习，感觉自己整个人更亲切、平和、有耐心了。

【工作篇】

陈孝权：用正念的思维方式能够让我们在工作中、研究问题时做到知其然，也更能知其所以然。我们的很多灵感和计划都是在一种混乱的状态下产生的，我们很少去探究它的来源，只是在享受它的成果。但当我用正念茶修的工作模式去应对工作的问题时，我会发现能找到工作的最佳状态，我开始觉察和区分自己是处于哪种状态，是分神还是专注。有时候我会为要写研究报告而苦恼，以前我没有具体的办法去解决这样的工作苦恼，只能强迫自己坐在工作岗位上，然后逼自己去想，如果没有思路时就会卡在那儿，没有任何的进展，但当我学习大益正念茶修这个课程后，在要做一份研究报告之前，我会去做一次身体扫描，这样的练习既使我能够放下焦虑，也让我思路更加清晰，专注度也提高了，写出的东西自己更加满意。

【教育篇】

李慧玲：身为一个母亲，我平时会为孩子的学习感到焦虑，因为他平时写字不好看，经常被老师批评，我也会觉得看他做作业很容易生气，经常会责备他，但当我学会用正念的方法，在我快要生气时，我会有意识地去调整自己的呼吸，发现自己有要教训他的冲动，这样对他的态度会温和许多，而且我不会被他的某些不良习惯所困扰，一直把这样的担心和焦虑放到对他的教育中。伴随着这样的态度，在不经意间再去看他写的字，也觉得没那么糟糕了，他确实能写得更好了，还得到了老师的夸奖，说他写字有很大的进步。我当时很疑惑，为什么他突然有这样的转变呢？他说："并不是因为看到同桌写的字好而有所改变，而是因为你呀，妈妈，你终于会耐心地看我写字啦。"我突然醒悟，我的焦虑急躁并没有什么作用，我对他的教育其实是在我自己身上，我开始觉察在耐心地教他写字时是怎样的状态，并开始在正念茶修中寻找给他最好的教育法。最后恍然大悟，其实正念也在潜移默化地影响着我给孩子的教育。

【亲子篇】

牟启娅：有一天下班回家，刚一进门，儿子就光着脚丫提着一小桶泡着三角梅的水过来，高兴地告诉我："妈妈，妈妈，你看我做的香水。"我一看，地上一大摊水，儿子脚丫光着，衣服有的地方湿湿的。当时第一个反应是这个臭小子又想着法儿地玩水，太令人生气了！刚要发火，突然想起前几天在

学正念，摸摸胸口，心里开玩笑地默念着"亲生的，亲生的"，平复了一下情绪。然后蹲下去，仔细地看了看，水里因为泡有三角梅，已经微微变紫，发现颜色还挺好看。心里对自己说，接纳看到的这一切吧。

过了一会儿，儿子看我没生气，又小心翼翼地继续说"妈妈，你闻，还有香味儿呢"，我又仔细闻了一下，还真有点儿淡淡的香味儿，我突然也童心大发，如果买个喷壶，还真可以做成香水喷一喷呢，而且是天然的！然后我就耐心地对儿子说："垚垚真厉害，不过如果穿上鞋子，做香水的时候小心点儿，别让水洒到自己身上和地上就更棒了。"儿子开心地点了点头，说："妈妈，我下次一定会注意的。"

后来我也在想，正念地去觉察，管理好自己的情绪，真的能改善和儿子的沟通，既保护了孩子的好奇心，又可以体会到生活中的美无处不在。

【不良情绪及习惯戒断篇】

邓龙：以下是练习正念后我的几点改变。

1. 5月份的勐海天气是异常炎热的，尤其是下午三点左右的时候，在这样的情况下，人就很容易烦躁，不能够很好地静下心来去工作，因为有过系统的正念理论与实操学习经历，每当心情烦躁的时候，我也尝试着用正念听音这种练习方法，戴上耳机，听一段舒缓的音乐，练习完之后好像烦躁的心绪真的可以得到舒缓。

2. 因为工作性质原因，平时经常会写"项目可行性分析报告"、设备相关二、三维制图等，这样的工作需要有很好的逻辑思维能力、灵感以及饱满的精神，像以前没有接触过正念的时候每当遇到所谓"没有灵感""没有精神"的时候经常会抽上一支烟，希望通过这种方式来提神，但我们都知道吸烟有害健康，方法可行但不是太可取，接触正念后，当再次遇到这种情况的时候，我就会用正念的方法去练习，练习完以后我的思路便清晰了许多，也更有精神了。

大益正念茶修特色练习——正念自饮初体验分享

分享者：杨平

1.正念自饮与平时冲泡及八式的区别在于：正念自饮可以在任何环境，任何场合，可以随时随地练习，简单且不复杂；

2.正念自饮完全体现了正念非评价，耐心，接纳，慷慨和感恩的原则。

3.我对自饮的定义：正念自饮是一个自我修心、专注当下、享受当下的过程。

分享者：马嘉盼

1."正念自饮练习"与平时的练习有着很大的不同之处。我平常的饮茶练习大部分都是为他人泡茶，尤其是刚开始接触普洱茶，第一次泡茶就是为领导泡茶，当时最明显的感受就是自己泡茶的手法姿势、所泡茶汤好不好，他们会不会因为这杯茶汤对我有什么想法，所以其实没有真正地投入到整个泡茶的过程中，也没有享受到这杯茶的美好。而今天的"正念自饮练习"，这杯茶是为自己泡的，不用在乎好与坏，只要怀着一颗初心，接纳和享受当下这杯茶就好。

2."正念自饮练习"让我体会到了非评价、初心、耐心、接纳、慷慨和感恩的正念原则。在正念自饮练习中，专注泡茶、饮茶过程中的分分秒秒，本着一颗初心去接纳所有，并且怀着一颗慷慨、感恩的心，感恩自己冲泡这杯茶的努力付出，感恩与这片叶子、这杯茶有关的所有人和物。

3.正念自饮：通过鉴别、冲泡、品饮一杯茶来培育自己的仁爱之心，从而达到享受当下、沉淀自己的目标。

分享者：王洪振

1.正念自饮和平时冲泡的不同：平时冲泡是一种无意识地为自己泡一杯有味道的水的过程，正念自饮有强烈的为自己冲泡茶叶的这种意识，是完全放松的。

2.平静的与享受的状态下，为自己泡的一杯茶，每一步都可以体会到细微的、从未有过的美好感受。感觉献给自己的这杯茶是有温度、有味道、充满爱的佳酿，此时的滋味比以往任何茶叶都要美好。

3.正念自饮的定义：以自饮泡茶过程为载体，享受自己当下平静的、无杂念的、感恩的、享受美好的一种行为过程。

正念自饮的自我定义：修心养性，平复自我的这么一个过程！

分享者：尹必荣

1.和之前饮茶相比，自饮感觉更细致，特别是喝下去的时候"咕嘟"声很明显，从喉咙到胃的整个过程热量带来的感觉很明显，整个茶汤到哪里都知道。与"大益八式"相比，自饮更走心，宾客参与度更高，"大益八式"练下来较累，自饮则使自己放松且平静。

2.感受到当下放下，万事归心，回归本我。

3.定义：自斟自饮，自受自爱，回归本元。给自己冲一杯喜爱的热茶，对自己多一份关爱，多一些内视。日常生活忙忙碌碌，很少慢下来甚至停下来好好关切自己，给自己一个爱的拥抱，对自己说我俩同在。人类社会现象，是一个万千个体交割的结果，战争、痛苦、仇恨的根源都是自己或自己与他人之间的不和谐所致，如果每个人都回归本我，让自己归于平静、自然，那全世界应该是充满爱的吧。

入境：仪式感．茶者入静．和心去交流．感受自己面前
的一器一物．和八式相比．心态更加平静．注
意力更专注．带着好奇想着泡茶时是怎么和
自己对话的．随着引导语．又拉回思绪

赏鉴茶：自己赏．会更去觉知茶是本身的状态．入

八式：ｖｖｖ 完给宾客赏．闻到了轻烟香

醒茶、润茶：更专注．会留意茶叶的状态．在盖
　　　　　　　水注入　盖碗里 之后
碗里去手回旋运动及起伏．以及冲泡时叶
底的色泽是墨绿的．细片状茶叶多．

出汤：茶汤 激荡公道杯的声音及持续时间．
公杯里茶末的多少及慢慢 沉入底部
色泽是金黄透亮的．注入品杯是淡黄色的．

品饮：茶汤在品啜．口腔里是充盈的．与舌面接触，慢
慢体会．是淡甜的．轻匀甜的 后是涩的持续
喉部稍有点卡．咽下去不是　舌尖甜．舌面．
　　　　　　　　　张恢滑．

回味：茶汤发汗．腰部最明显
感受到了茶汤的存在的．

（温暖．鲜活）　茶汤汤花（"泡泡）

学员感悟手稿

附 录 B
本书练习指导语音频

请扫码关注"茶道学研究"公众号，本公众号包括了全书介绍的所有大益正念茶修练习的指导语：

1. 正念呼吸（呼吸静观）

2. 正念吃葡萄干

3. 正念听音

4. 身体扫描

5. 友善的茶

6. 茶叶静观

7. 正念自饮练习

8. 茶的联结

9. 茶山冥想

附 录 C

大益正念茶修所用心理测量工具

1 自评抑郁量表

下面是一项调查，请根据自己的真实相关情况在相应的答案上画对钩，所有答案没有对错之分。每一条文字后有四个选项，分别表示过去一周内：

A 没有或很少时间（出现这类情况的日子不超过一天）；

B 小部分时间（有1—2天有过这类情况）；

C 相当多时间（3—4天有过这类情况）；

D 绝大部分或全部时间（有5—7天有过这类情况）。

	A	B	C	D

	A	B	C	D
1. 我觉得闷闷不乐，情绪低沉	1	2	3	4
2. 我觉得一天之中早晨最好	4	3	2	1
3. 我一阵阵哭出来或觉得想哭	1	2	3	4
4. 我晚上睡眠不好	1	2	3	4
5. 我吃的跟平常一样多	4	3	2	1
6. 我与异性亲密接触时和以往一样感觉愉快	4	3	2	1
7. 我发觉我的体重在下降	1	2	3	4

	A	B	C	D
8.我有便秘的苦恼	1	2	3	4
9.我心跳比平时快	1	2	3	4
10.我无缘无故地感到疲乏	1	2	3	4
11.我的头脑跟平常一样清楚	4	3	2	1
12.我觉得经常做的事情并没有困难	4	3	2	1
13.我觉得不安而平静不下来	1	2	3	4
14.我对将来抱有希望	4	3	2	1
15.我比平常容易生气激动	1	2	3	4
16.我觉得做出决定是容易的	4	3	2	1
17.我觉得自己是个有用的人，有人需要我	4	3	2	1
18.我的生活过得很有意思	4	3	2	1
19.我认为如果我死了别人会生活得好些	1	2	3	4
20.平常感兴趣的事我仍然照样感兴趣	4	3	2	1

2 自评焦虑量表

你好！下面是一项调查，请根据自己的真实相关情况在相应的答案上画对钩，所有答案没有对错之分。谢谢合作！每一条文字后有四个选项，分别表示过去一周内：

A 没有或很少时间（出现这类情况的日子不超过一天）；

D 小部分时间（有 1—2 天有过这类情况）；

C 相当多时间（3—4 天有过这类情况）；

D 绝大部分或全部时间（有 5—7 天有过这类情况）。

	A	B	C	D
1.觉得比平常容易紧张和着急	1	2	3	4
2.无缘无故地感到害怕	1	2	3	4
3.容易心里烦乱或觉得惊恐	1	2	3	4
4.觉得可能要发疯	1	2	3	4

5. 觉得一切都很好，也不会发生什么不幸	4	3	2	1
6. 手脚发抖打颤	1	2	3	4
7. 因为头痛、头颈痛和背痛而苦恼	1	2	3	4
8. 感觉容易衰弱和疲乏	1	2	3	4
9. 觉得心平气和，并且容易安静地坐着	4	3	2	1
10. 觉得心跳得很快	1	2	3	4
11. 因为一阵阵头晕而苦恼	1	2	3	4
12. 有晕倒发作，或觉得要晕倒似的	1	2	3	4
13. 吸气呼气都感到很容易	4	3	2	1
14. 手脚麻木和刺痛	1	2	3	4
15. 因为胃痛和消化不良而苦恼	1	2	3	4
16. 常常要小便	1	2	3	4
17. 手常常是干燥温暖的	4	3	2	1
18. 脸红发热	1	2	3	4
19. 容易入睡并且睡得很好	4	3	2	1
20. 做噩梦	1	2	3	4

3　人际交往量表

共 28 个问题，每个问题作"是"（计 1 分）或"非"（计 0 分）两种回答。请你根据自己的实际情况如实回答，将每题的得分记在末尾的记分表内，全部答案没有对错之分：

1. 关于自己的烦恼有口难言。　　　　　　　　　（　）

2. 和生人见面感觉不自然。　　　　　　　　　　（　）

3. 过分地羡慕和妒忌别人。　　　　　　　　　　（　）

4. 与异性交往太少。　　　　　　　　　　　　　（　）

5. 对连续不断的会谈感到困难。　　　　　　　　（　）

6. 在社交场合，感到紧张。　　　　　　　　　　（　）

7. 时常伤害别人。　　　　　　　　　　　　　　（　）

177

8. 与异性来往感觉不自然。　　　　　　　　　　（　　）

9. 与一大群朋友在一起，常感到孤寂或失落。　　（　　）

10. 极易受窘。　　　　　　　　　　　　　　　　（　　）

11. 与别人不能和睦相处。　　　　　　　　　　　（　　）

12. 不知道与异性相处如何适可而止。　　　　　　（　　）

13. 当不熟悉的人对自己倾诉他的生平遭遇以求同情时，自己常感到不自在。（　　）

14. 担心别人对自己有什么坏印象。　　　　　　　（　　）

15. 总是尽力使别人赏识自己。　　　　　　　　　（　　）

16. 暗自思慕异性。　　　　　　　　　　　　　　（　　）

17. 时常避免表达自己的感受。　　　　　　　　　（　　）

18. 对自己的仪表（容貌）缺乏信心。　　　　　　（　　）

19. 讨厌某人或被某人所讨厌。　　　　　　　　　（　　）

20. 瞧不起异性。　　　　　　　　　　　　　　　（　　）

21. 不能专注地倾听。　　　　　　　　　　　　　（　　）

22. 自己的烦恼无人可倾诉。　　　　　　　　　　（　　）

23. 受别人排斥与冷漠。　　　　　　　　　　　　（　　）

24. 被异性瞧不起。　　　　　　　　　　　　　　（　　）

25. 不能广泛地听取各种各样意见、看法。　　　　（　　）

26. 自己常因受伤害而暗自伤心。　　　　　　　　（　　）

27. 常被别人谈论、愚弄。　　　　　　　　　　　（　　）

28. 与异性交往不知如何更好相处。　　　　　　　（　　）

记分表

I	题目	1	5	9	13	17	21	25	小计
	分数								

II	题目	2	6	10	14	18	22	26	小计
	分数								
III	题目	3	7	11	15	19	23	27	小计
	分数								
IV	题目	4	8	12	16	20	24	28	小计
	分数								

评分标准

1. 自评抑郁量表

用于自检个人的心理抑郁状况（可用于评估自饮练习的效果）。

说明：将 20 个项目的各个得分相加，即得总粗分。总粗分的正常上限参考值为 41 分，标准分等于总粗分乘以 1.25 后的整数部分。分值越小越好。

标准分正常上限参考值为 53 分。标准总分 53—62 为轻度抑郁，63—72 为中度抑郁，72 分以上为重度抑郁。

2. 自评焦虑量表

用于自检个人心理焦虑状况（可用于评估自饮练习的效果）。

说明：主要统计指标为总分。把 20 题的得分相加为粗分，粗分乘以 1.25，四舍五入取整数，即得到标准分。焦虑评定的分界值为 50 分，50 分以下为：正常，51—70：较高，71—80：很高，81—100：极高。

3. 人际交往量表

用于评估个人人际交往的状况（可用于评估对饮练习的效果）。

说明：如果你得到的总分是 0—8 分之间，那么说明你在与朋友相处上的困扰较少。你善于交谈，性格比较开朗，主动关心别人，你对周围的朋友都比较好，愿意和他们在一起，他们也都喜欢你，你们相处得不错。而且，你

能够从与朋友相处中，得到乐趣。你的生活是比较充实而且丰富多彩的，你与异性朋友也相处得比较好。一句话，你不存在或较少存在交友方面的困扰，你善于与朋友相处，人缘很好，获得许多的好感与赞同。

如果你得到的总分是9—14分之间，那么，你与朋友相处存在一定程度的困扰。你的人缘很一般，换句话说，你和朋友的关系并不牢固，时好时坏，经常处在一种起伏波动之中。

如果你得到的总分是15—28分之间，那就表明你在同朋友相处上的行为困扰较严重，分数超过20分，则表明你的人际关系困扰程度很严重，而且在心理上出现较为明显的障碍。你可能不善于交谈，也可能是一个性格孤僻的人，不开朗，或者有明显的自高自大、讨人嫌的行为。

以上是从总体上评述你的人际关系。下面将根据你在每一横栏上的小计分数，具体指出你与朋友相处的困扰行为及其可资参考的纠正方法。

记分表中 I 横栏上的小计分数，表明你在交谈方面的行为困扰程度。

如果你的得分在6分以上，说明你不善于交谈，只有在极需要的情况下你才同别人交谈，你总难于表达自己的感受，无论是愉快还是烦恼；你不是个很好的倾诉者，往往无法专心听别人说话或只对单独的话题感兴趣。

如果得分在3—5分之间，说明你的交谈能力一般，你会诉说自己的感受，但不能讲得条理清晰；你努力使自己成为一个好的倾听者，但还是做得不够。如果你与对方不太熟悉，开始时你往往表现得拘谨与沉默，不大愿意跟对方交谈。但这种局面在你面前一般不会持续很久。经过一段时间的接触与锻炼，你可能主动与他人搭话，同时这一切来得自然而非造作，此时，表明你的健谈能力已经大为改观，在这方面的困扰也会逐渐消除。

如果你的得分在0—2分之间，说明你有较高的交谈能力和技巧，善于利用恰当的谈话方式来交流思想感情，因此在与别人建立友情方面，你往往比别人获得更多的成功。这些优势不仅为你的学习与生活创造了良好的心境，而且常常有助于你成为伙伴中的领袖人物。

记分表中Ⅱ横栏上的小计分数，表示你在交际方面的困扰程度。

如果你的得分在 6 分以上，则表明你在社交活动与交友方面存在着较大的行为困扰。比如，在正常集体活动与社交场合，你比大多数伙伴更为拘谨；在有陌生人或老师存在的场合，你往往感到更加紧张而扰乱你的思绪；你往往过多地考虑自己的形象而使自己处于被动且越来越孤独的境地。总之，交际与交友方面的严重困扰，使你陷入"感情危机"和孤独困窘的状态。

如果你的得分在 3—5 分之间，则往往表明你在被动地寻找被人喜欢的突破口。你不喜欢独自一个人待着，你需要朋友在一起，但你又不太善于创造条件并积极主动地寻找知心朋友，而且，你心有余悸，生怕主动行为后的"冷"体验。

如果得分低于 3 分，则表明你对人较为真诚和热情。总之，你的人际关系较和谐，在这些问题上，你不存在较明显持久的行为困扰。

记分表中Ⅲ横栏的小计分数，表示你在待人接物方面的困扰程度。

如果你的得分在 6 分以上，则往往表明你缺乏待人接物的机智与技巧。在实际的人际关系中，你也许常有意无意地伤害别人，或者你过分地羡慕别人以致在内心妒忌别人。因此，其他人可能回报你的是冷漠、排斥，甚至是愚弄。

如果你的得分在 3—5 分之间，则往往表明你是个多侧面的人，也许可以算是一个较圆滑的人。对待不同的人，你有不同的态度，而不同的人对你也有不同的评价。你讨厌某人或被某人所讨厌，但你却极喜欢另一个人或被另一个人所喜欢。你的朋友关系某方面是和谐的、良好的，某些方面却是紧张的、恶劣的。因此，你的情绪很不稳定，内心极不平衡，常常处于矛盾状态中。

如果你的得分在 0—2 分之间，表明你较尊重别人，敢于承担责任，对环境的适应性强。你常常以你的真诚、宽容、责任心强等个性获得众多的好感与赞同。

记分表中Ⅳ横栏的小计分数表示你跟异性朋友交往的困扰程度。

如果你的得分在5分以上，说明你在与异性交往的过程中存在较为严重的困扰。也许你存在着过分的思慕异性或对异性持有偏见。这两种态度都有它的片面之处。也许是你不知如何把握好与异性交往的分寸而陷入困扰之中。

如果你的得分是3—4分，表明你与异性交往的行为困扰程度一般，有时可能会觉得与异性交往是一件愉快的事，有时又会认为这种交往似乎是一种负担，你不懂得如何与异性交往最适宜。

如果你的得分是0—2分，表明你懂得如何正确处理异性朋友之间的关系。对异性持公正的态度，能大大方方地、自自然然地与他们交往，并且在与异性交往中，得到了许多从同性朋友那里不能得到的东西，增加了对异性的了解，也丰富了自己的个性。你可能是一个较受欢迎的人，无论是同学朋友还是异性朋友，多数人都较喜欢你和赞赏你。

参考文献

【中文参考文献】

1. 陈鼓应注译：《庄子今注今译》，中华书局 1983 年版。

2. 叶浩生主编：《心理学史》，高等教育出版社 2005 年版。

3. 陆玖译注：《吕氏春秋》，中华书局 2011 年版。

4.《黄帝内经（影印本）》，人民卫生出版社 2013 年版。

5. 汤漳平、王朝华译注：《老子》，中华书局 2014 年版。

6. 吴远之：《大益八式》，中国书店 2014 年版。

7. 王东岳：《物演通论》，中信出版社 2015 年版。

8. 戴晓阳主编：《常用心理评估量表手册》，人民军医出版社 2015 年版。

9. ［美］苏珊·M. 波拉克等：《正念心理治疗师的必备技能》，李丽娟译，中国轻工业出版社 2016 年版。

10. 胡君梅：《正念减压自学全书》，中国轻工业出版社 2018 年版。

11. 吴远之、王雷：《茶道心理学》，东方出版社 2020 年版。

12. 卢朝晖等：《正念认知疗法用于抑郁症复发预防的研究现状》，《医学与哲学》2012 年第 11 期。

13. 吴蕾：《高血压病的睡眠质量与血压节律相关性的研究》，硕士学位论文，北京中医药大学，2014 年。

14. 生媛媛等：《正念干预在癌症康复中的临床应用》，《心理科学进展》2017 年第 12 期。

15. 贺菊芳等：《肠易激综合征患者正念减压疗法干预的系统评价》，《中

国心理卫生杂志》2018年第2期。

16. 钟琴等:《正念减压疗法对慢性疼痛患者干预效果的 Meta 分析》，《中国护理管理》2018年第6期。

17. 张瑶瑶等:《正念疗法在高血压患者中应用的研究进展》，《医学与哲学》2018年第7期。

18. 王金莲等:《正念减压训练对抑郁症患者负面情绪的影响》，《中外医学研究》2018年第2期。

19. 李心怡等:《基于正念的网络游戏成瘾综合干预》，《国际精神病学杂志》2019年第2期。

20. 李继波等:《正念冥想在 ADHD 儿童干预中的应用》，《心理科学》2019年第2期。

【英文参考文献】

1. Teasdale, J., Segal., V, & Williams, M. "How does cognitive therapy prevent depressive relapse and why should attentional control（mindfulness）training help?", *Behavior Research and Therapy*, 1995, 25-39.

2. Teasdale. "Emotional processing, three modes of mind and the prevention of relapse in depression", *Behavior Research Therapy*, 1999, pp.53-77.

3. Watkins, E., Teasdale, D., & Williams, M. "Decentring and distraction reduce overgeneral autobiographical memory in depression", *Psychological Medicine*, 2000, pp.911-920.

4. Davidson, J., Kabat-Zinn, J., Schumacher, J., Rosenkranz, M., Muller, D., Santorelli, F., et al. "Alterations in brain and immune function produced by mindfulness meditation", *Psychosomatic Medicine*, 2003, pp. 564-570.

5. Baer, A. "Mindfulness training as a clinical intervention: A conceptual and empirical review", *Clinical Psychology-Science and Practice*, 2003,pp. 125-143.

6. Heidenreich, T., Pflug, B., et al."Mindfulness-based cognitive therapy for persistent insomnia: a pilot study", *Psychotherapy & Psychosomatics*, 2006, pp.188-189.

7. Jha, P., Krompinger, J., & Baime, J."Mindfulness training modifies subsystems of attention", *Cognitive Affective & Behavioral Neuroscience*, 2007,p. 109.

8. Hölzel, K., Ott, U., Hempel, H., Hackl, A., Wolf, K., Stark, R., et al. "Differential engagement of anterior cingulate and adjacent medial frontal cortex in adept meditators and non-meditators", *Neuroscience Letters*, 2007, pp. 16-21.

9. Witek-Janusek, L., Albuquerque, K., Chroniak, R., et al. "Effect of mindfulness based stress reduction on immune function, quality of life and coping in women newly diagnosed with early stage breast cancer", *Brain, Behavior, and*

Immunity, 2008, pp.969-981.

10. Ong, C., Shapiro, SL., Manber, R. "Combining mindfulness meditation with cognitive-behavior therapy for insomnia: A treatment-development study", *Behavior Therapy*, 2008, pp.171-182.

11. Hölzel, K., Ott, U., Gard, T., Hempel, H., Weygandt, M., Morgen, K., et al. "Investigation of mindfulness meditation practitioners with voxel-based morphometry", *Social Cognitive and Affective Neuroscience*, 2008, pp.55-61.

12. Roemer, L., Lee, J. K., Salters-Pedneault, K., Erisman, S. M., Orsillo, S. M., & Mennin, D. S. "Mindfulness and emotion regulation difficulties in generalized anxiety disorder: Preliminary evidence for independent and overlapping contributions.", *Behavior Therapy*, 2009, pp.142-154.

13. Erisman, M., & Roemer, L. "A preliminary investigation of the effects of experimentally induced mindfulness on emotional responding to film clips.", *Emotion*, 2009, p.72.

14. Lagopoulos, J., Xu, J., Rasmussen, I., Vik, A., Malhi, S.,"Eliassen, F., et al. Increased theta and alpha EEG activity during nondirective meditation", *Journal of Alternative and Complementary Medicine*, 2009, pp.1187-1192.

15. Luders, E., Toga, W., Lepore, N., & Gaser, C. "The underlying anatomical correlates of long-term meditation: Larger hippocampal and frontal volumes of gray matter", *Neuro Image*, 2009, pp. 672-678.

16. Hofmann, G., Sawyer, T., Witt, A., Oh, D. "The effect of mindfulness-based therapy on anxiety and depression: A meta-analytic review", *Journal of Consulting and Clinical Psychology.*, 2010, pp. 169-183.

17. Schroevers, J., Brandsma, R. "Is learning mindfulness associated with improved affect after mindfulness-based cognitive therapy?", *Journal of British Psychology*, 2010, pp.95-107.

18. Zeidan, F., Gordon, S., Merchant, J., & Goolkasian, P. "The effects of brief mindfulness meditation training on experimentally induced pain.", *Journal of Pain*, 2010, pp.199-209.

19. Jha, P., Stanley, A., Kiyonaga, A., Wong, L., & Gelfand, L." Examining the protective effects of mindfulness training on working memory capacity and affective experience", *Emotion*, 2010, pp. 54-64.

20. Travis, F., & Shear, J. "Focused attention, open monitoring and automatic self-transcending: Categories to organize meditations from Vedic, Buddhist and Chinese traditions", *Consciousness and Cognition*, 2010, pp.1110-1118.

21. Hölzel, K., Carmody, J., Vangel, M., Congleton, C., Yerramsetti, M., Gard, T., et al. "Mindfulness practice leads to increases in regional brain gray matter density", *Psychiatry Research: Neuroimaging*, 2011,pp.36-43.

22. Hughes, W., Fresco, M., Myerscough, R., et al. "Randomized controlled trial of mindfulness- based stress reduction for prehypertension", *Psychosomatic Medicine*, 2013, pp. 721-728.

23. Kaliman, P., Alvarez-Lopez, J., Cosin-Tomas, M., et al. "Rapid changes in histone deacetylases and inflammatory gene expression in expert meditators" *Psychoneuroendocrinology*, 2013, pp. 96-107.

24. Lengacher, A., Reich, R., Paterson, L., et al."The effects of mindful-ness-based stress reduction on objective and subjective sleep parameters in women with breast cancer: a randomized controlled trial", *Psycho-Oncology*, 2014,pp. 424-432.

25. Boettcher, J., Astrom, V., Pahlsson, D., et al."Internet-Based Mindfulness Treatment for Anxiety Disorders: A Randomized Controlled Trial", Behavior Therapy, 2014, pp.241-253.

26. Patel, V., & Hanlon, C. "Where there is no psychiatrist", *The Royal College*

of Psychiatrists, 2017, p.7.

27. Sanliera, N., Gokcenb. B., & Altuǧ, M. "Tea consumption and disease correlations", *Trends in Food Science & Technology.*, 2018, pp. 95-106.

28. Yang, C., Wang. H., Sheridan. Z. "Studies on prevention of obesity, metabolic syndrome, diabetes, cardiovascular diseases and cancer by tea", *Journal of food and drug analysis*, 2018, pp.1-13.

29. Curry. A." A painful legacy", *Science*, 2019, p.365.

30. Lin. H., Lee. C., et., al. "Systematic review and meta-analysis of anti-hyperglycaemic effects of Pu-erh tea", *International Journal of Food Science and Technology*, 2019, pp.516-525.

31. Steptoe, A. et al. *Psychopharmacology*, 2007, pp. 81-89.

32. Scholey, A. et al. *Appetite*, 2012, pp.767-770.

33. Camfield, D. A. et al. *Nutrition Review*, 2014, pp.507-522.